生物科学研究方法丛书

生物成像方法

中国生物技术发展中心
华中科技大学　编著

主　编　骆清铭

主要参编人员（按姓氏汉语拼音排序）

邓　勇　付　玲　黄振立　旷　苗　雷　皓
李鹏程　刘笔锋　刘　欣　吕晓华　骆清铭
邱宏伟　王　晶　王　莹　谢庆国　杨芃原
杨孝全　曾绍群　赵饮虹

科学出版社
北　京

内 容 简 介

生物成像研究如何将生命机体结构及活动变化规律予以直观呈现,它关注的对象既包括生物机体从微观的原子分子、细胞器、细胞到宏观组织、器官层次的结构,又包括机体结构动态变化所引起的功能活动过程。本书系统地介绍了各类生物成像方法的技术原理与研究进展,全书共分6章,包括概述、X射线成像方法及进展、核磁共振成像方法及进展、生物光学成像方法及进展、放射性核素成像方法及进展、生物组织质谱成像方法及进展。本书可供生物学、医学,以及从事与生命科学交叉领域研究的物理、化学、信息等领域研究人员和学生参考。

图书在版编目(CIP)数据

生物成像方法 / 中国生物技术发展中心,华中科技大学编著;骆清铭主编.—北京:科学出版社,2012.9

(生物科学研究方法丛书)

ISBN 978-7-03-035587-4

Ⅰ.生… Ⅱ.①中… ②华… ③骆… Ⅲ.生物-图象处理-研究方法 Ⅳ.Q-334

中国版本图书馆CIP数据核字(2012)第221815号

责任编辑:周万灏 邹梦娜 / 责任校对:刘小梅

责任印制:徐晓晨 / 封面设计:范璧合

科学出版社出版

北京东黄城根北街16号

邮政编码:100717

http://www.sciencep.com

北京凌奇印刷有限责任公司印刷

科学出版社发行 各地新华书店经销

*

2012年9月第 一 版 开本:787×1092 1/16

2019年3月第七次印刷 印张:8 1/4

字数:190 000

定价:59.80元

(如有印装质量问题,我社负责调换)

前　言

生物学是研究生命现象和生物活动规律的科学，涉及生物体结构、功能及发育与进化等。生物成像研究如何将生命机体结构及活动变化规律予以直观呈现，它关注的对象既包括生物机体从微观的原子分子、细胞器、细胞到宏观组织、器官层次的结构，又包括机体结构动态变化所引起的功能活动过程。生物学的发展或新学科分支的形成离不开研究方法的革新和进步，当代生命科学领域的发展更表现出对高新技术的需求和依赖越来越强的趋势，也有很多开放难题的揭示还有赖于技术手段的创新和改进。在生命科学领域的研究手段中，能实时观察生命现象和及其内在过程的生物成像方法越来越被广大生物学研究者重视。回顾生物学历史不难发现，生物成像技术的出现会在不经意间带动科学的发展，甚至会极大地改变学科的发展面貌。这方面的例子不胜枚举，可以说没有显微镜的发明和应用，就不可能有细胞学的诞生；没有电子显微镜的出现，生物学研究就难以深入到亚细胞和分子层次，也难以促进分子生物学学科的形成。另一方面，许多经典假说的证实也离不开新的生物成像方法的出现。如著名的DNA双螺旋结构的实证论据来自弗兰克林和威尔金斯的X射线衍射图，其根本的发展契机得益于X射线衍射技术的发展。此外，许多生物成像技术，如X射线成像、核磁共振成像、正电子发射断层成像、超声成像等，被转化应用到医学领域中使得临床诊疗的面貌发生了广泛的改变。

目前，主要生物成像方法包括X射线成像、核磁共振成像、生物光学成像、放射性核素成像、超声成像、生物组织质谱成像、电子显微成像等。这些生物成像技术在现代生物学研究中已表现出无可替代的优势，从而成为现阶段各国竞相发展的高新技术之一。从工程角度来看，生物系统是最复杂的系统之一。在基础生物研究领域，若想准确了解生物体的内在机制，就需要提供更高分辨、更多维度以及多模式的生物成像手段来实时、并行地获取生物系统的动态变化信息。与此同时，通过生物成像方法获取的海量信息的快速处理和识别也是生物成像研究面临的主要挑战。此外，生物成像技术创新研究的主要内容还包括技术的转化应用，特别是面向临床诊疗方面。美国国立卫生研究院于2001年4月专门成立了美国国家生物医学成像和生物工程研究院NIBIB(National Institute for Biomedical Imaging and Bioengineering)，提出了下列研究课题：①新的成像方法与技术；②廉价医学成像装置；③图像引导的手术干预；④用于小动物成像的系统和方法；⑤研究与开发用干细胞与分子成像的系统及方法。由此可见，开发多层次、多参数面向临床诊疗的生物成像方法已成为生物医学领域研究的明确方向与共同愿景。

本书有选择地介绍了几种生物成像方法的技术原理与研究进展，全书共分7章，由华中科技大学骆清铭教授主编。编委会成员包括：中科院物理与数学研究所雷皓研究员，复旦大学杨芃原教授，华中科技大学谢庆国、刘笔锋、刘欣、杨孝全、曾绍群、吕晓华、黄振立、付玲、邓勇、李鹏程等。

本书可供生物学、医学，以及从事与生命科学交叉领域研究的物理、化学、信息等领域研究人员和学生参考。

由于编者水平有限，衷心希望广大读者对书中的不足之处给予批评、指正。

编　者

2012年2月

目　录

第一章

概　述

第一节　生物成像方法的发展历程

生命科学作为21世纪的主导科技之一，已成为引领科学潮流的旗手，引起世界各国的高度重视，成为国家综合实力竞争和较量的焦点。与此同时，信息技术突飞猛进的发展和全球信息化浪潮的冲击，为生命科学的发展带来了全新的理念和历史机遇。生命科学与信息技术的携手，不仅是科技进步历史上的大事件，同时已成为全球经济与社会发展的核心动力之一。生物成像方法、技术、设备的发展与应用就是其中最典型的代表。

显微镜是人类各个时期最伟大的发明物之一。借助这个最早的生物成像方法，一个全新的世界展现在人类的视野里。人们第一次看到了数以百计的"新的"微小动物和植物，以及从人体到植物纤维等各种东西的内部构造。显微镜帮助科学家发现许多新物种，也成为医生诊断治疗疾病的金标准。最早的显微镜是16世纪末期在荷兰制造出来的，距今已有400多年。发明者可能是一个叫做札恰里亚斯·詹森的荷兰眼镜商，或者另一位荷兰科学家汉斯·利珀希，他们用两片透镜制作了简易的显微镜，但并没有用这些仪器做过任何重要的观察。后来有两个人开始在科学上使用显微镜。第一个是意大利科学家伽利略，他通过显微镜观察到一种昆虫后，第一次对它的复眼进行了描述。第二个是荷兰亚麻织品商人安东尼·凡·列文虎克(1632—1723年)，他自己学会了磨制透镜。他第一次描述了许多肉眼所看不见的微小植物和动物。1931年，恩斯特·鲁斯卡通过研制电子显微镜，使生物学发生了一场革命。这使得科学家能观察到百万分之一毫米那样小的物体。1986年他被授予诺贝尔奖。

1895年，德国物理学家威廉·康拉德·伦琴发现了X射线，为人类利用X射线诊断与治疗疾病开拓了新途径，开创了医疗影像技术的先河。为了使医生可以更清晰地对人体内脏器官的病灶和症状进行观察、更好地对症下药，迅速、彻底地解除患者的痛楚，世界各国科学家孜孜不倦地对医疗影像技术进行着研究和改进。20世纪70年代中期，电子计算机的应用为医疗影像带来了第一次革命性的创新，结合了电子计算机技术的第一台医疗影像设备——CT扫描仪从此诞生。利用电子计算机X射线断层成像(CT)，可以更好地分辨人体内部结构图像，大幅度提高了疾病诊断的准确性，成为20世纪医学诊断领域所取得的最重大的突破之一。此后，医疗影像技术迅猛发展，计算机放射成像(CR)、数字放射成像(DR)、发射式计算机断层成像(ECT)等各种数字化医疗影像新技术不断涌现，组成了功能强大的放射成像信息系统(RIS)，成为医疗诊断必不可少的重要基石。

核磁共振作为交变磁场与物质相互作用的一种物理现象，早在1946年被Bloch和Purcell等人用实验所证实。由于这项重大发现，二人共同分享了1952年的诺贝尔物理学奖。随后，1948年核磁弛豫理论建立；1950年化学位移和耦合的发现使得NMR在化学分析中发挥了重要作用；1965年傅里叶变换谱学的诞生，使得采样时间大大缩短，信号可以被多次累加，信噪比得到了显著提高，因此可以对天然风度较低的核素进行检测，极大拓宽了核磁共振的应用范围，后来超导磁体的应用，谱仪磁场强度的不断提升，也充分提高了NMR谱的分辨率和信号检测的灵敏度，从而推动了核磁共振技术的不断发展，迎来了NMR真正的繁荣期。

自从20世纪70年代以来，现代NMR技术得到了飞速发展。二维核磁共振思想的提出和实现，极化转移技术和磁共振成像（MRI）都出现于这一时期。多维磁共振巧妙地把原子核（共振峰）之间的相互联系散开在多维平面上，极大地提高了谱的分辨率，同时提供了更多的结构和动力学信息，使得液体NMR技术的应用迅速扩展到生物领域。到目前为止，NMR仍是测定溶液蛋白质构象的唯一方法；交叉极化技术的发展，使20世纪50年代就发明出来的固体魔角旋转技术在材料科学中发挥了巨大的作用；MRI通过在不同方向上施加磁场梯度对物体进行空间编码，利用不同组织之间质子密度、弛豫特性不同，将物体的解剖结构无损的显示出来。随后活体磁共振波谱（in vivo MRS）、化学位移成像（CSI）等方法也在生物医学、临床检测等领域得到了广泛的应用。20世纪90年代以来，利用快速成像方法（EPI等）和血氧水平依赖效应来研究大脑支配运动、感觉以至学习、认知、思维等高级功能的脑功能成像；利用扩散张量成像（DTI）研究大脑白质损伤的病理演变过程；利用血管造影研究梗死、血栓形成和血管硬化的分期等技术均得到了迅速发展。

20世纪50年代建立，70年代广泛发展应用的超声诊断技术，总的发展趋势是从静态向动态图像（快速成像）发展，从黑白向彩色图像过渡，从二维图像向三维图像迈进，从反射法向透射法探索，以求得到专一性、特异性的超声信号，达到定量化、特异性诊断的目的。近三十年来，医学超声诊断技术发生了一次又一次革命性的飞跃，80年代介入性超声逐渐普及，体腔探头和术中探头的应用扩大了诊断范围，也提高了诊断水平，90年代的血管内超声、三维成像、新型声学造影剂的应用使超声诊断又上了一个新台阶。其发展速度令人惊叹，目前已成为临床多种疾病诊断的首选方法，并成为一种非常重要的多种参数的系列诊断技术。

生物医学光子学是近年来受到国际生物医学界和光学界关注的一个研究热点。光子学技术在生物技术与医学中的应用即定义为生物医学光子学，其相应产业主要服务于人类疾病的诊断、预防、监护、治疗以及保健、康复等。近年来，生物医学光子学在生物活检（使用光学相干层析成像技术——OCT）、光动力治疗（PDT）、细胞结构与功能检测（使用激光共焦扫描显微镜）、对基因表达规律的在体观测（使用荧光基因标记技术）等问题上取得了可喜的研究成果，目前正在从宏观和微观等多层面上对大脑活动与功能进行研究。*Science*在最近几年已发表相关论文近20篇。随着光子学技术的发展，生物医学光子学将在多层次上研究生物体，特别是人体的结构、功能和其他生命现象产生的重要影响。

近几十年中，生命科学发展迅速的一个重要原因就是各种先进影像学方法、技术的出现和蓬勃发展，使得活体、原位、实时、定量和高灵敏地从生命体中获取化学和生物学信息成为可能。借助于基于光、电、磁标记的分子探针，分子影像技术可真实地揭示生物活体内分子动态行为、生物功能及其调控机制，客观阐释许多重要生命活动过程的本质。例如，绿色荧光蛋白（GFP）标记技术与活体荧光成像、双光子成像的结合使得人们能够“看到”生物活体内特定蛋白质的表达，动态、原位跟踪细胞内部的分子事件。基于荧光蛋白标记的成像技术为细胞生物学和神经生物学研究带来了革命性的改变，GFP的发现也因此获得了2008年度的诺贝尔化学奖。生命科学研究不仅仅需要从微观的角度在分子、细胞水平了解生命过程与规律，更重要的是要在生物整体的水平上研究生物功能及其异常与分子、细胞水平上生命过程之间的关系，这也是现代系统生物学研究的核心内容。在生物整体成像方面，磁共振成像(MRI)由于能够无损获得生物活体中从结构到功能的全方位信息，不仅现已成为临床放射诊断中最重要的手段之一，还在神经科学、心理学、遗传发育等基础研究领域中有着广泛的应用。MRI 的发明也因此获得了 2003 年度的诺贝尔生理学和医学奖。

第二节　生物成像方法的发展趋势

21 世纪以信息技术与新能源新材料为龙头的高新技术的飞速发展也推动着生物医学成像技术正以前所未有的速度发展着。可以用“大、小”二字来概括，所谓大即数据量愈来愈大，成像系统速度快了，维数多了，数据量急剧攀升，引出了一系列问题和课题，包括海量数据的管理、存储、通信等。所谓小，即成像对象愈来愈小，由器官到组织到细胞再到分子；另一方面成像仪器的体积也越来越小，趋于便携化，成本也逐步降低，离临床普遍应用也越来越接近。总体而言，可以体现为以下几个方面：

1. 成像对比度产生机理　早期的显微镜 X 射线成像等生物成像技术仅能检测生物体的结构信息，20 世纪 70 年代后，以研究脑机制为代表的功能成像技术的诞生使得生物成像技术能实时获取机体的功能信息。结合特定的标记技术，功能成像技术如核磁成像、PET、光学成像能实现分子功能信息的实时追踪。

2. 成像分辨率　发展新的技术与方法以提高生物医学成像装置的灵敏度、空间分辨率和时间分辨率是一个强烈的趋向。这其中包括磁共振成像(MRI 及 MR 波谱成像)，CT，核医学成像(PET、SPECT)，光学成像(光学相干层析成像 OCT、扩散光学层析成像 DOT，显微光学成像)，超声成像和 EEG/MEG 系统。例如，利用高磁场磁体提高 MRI/MRS 的灵敏度与分辨率；利用表面线圈和多线圈技术提高 MRI 的时间分辨率和空间分辨率；利用扩展源和检测器阵列改进 DOT 的空间分辨率；核医学成像中新检测器材料的应用或已有检测器材料的新应用也包括在内。结合多种生物成像技术，可从分子、细胞水平到器官、整体水平实现多层次的分子与细胞事件的定量检测。特别是近年来超分辨光学成像技术的出现，打破了光学成像衍射极限的限制，实现了单分子水平的高精度成像。

3. 成像对象　限于技术手段的发展禁锢，生物成像技术的研究对象经历了以下几个阶段：死样本→活组织切片→活体原位(麻醉)动物→清醒动物→活动动物(人体)。近年来无创或微创成像技术的快速发展使研究活动机体的生命活动及其内在机制成为可能。采用活动动物为研究对象，可以对同一动物的疾病发展或治疗过程进行长时间的纵向跟踪比较，有利于获取对人类疾病的早期检测、早期诊断和早期治疗判别的金标准。

4. 成像速度　对于特定的分子事件，或者在手术中实现实时的监控导航，需要生物成像技术能达到高速且高通量信息的获取。信息技术与自动化技术的发展使得生物成像技术在成像速度提升与实时并行处理方面不断取得突破。但成像速度的提高，空间分辨率的提升以及维数的增多导致了数据量的急剧攀升，如何面对巨量数据的挑战，研究图像重建和处理的快速有效算法也是生物成像技术急需发展的重要方向。

5. 成像方式(多模式成像)　采用多模式成像方法可以用来综合那些在单一成像技术中拿不到的信息(如兼顾高空间分辨率和时间分辨率)，或者用来比较验证不同成像方法得到的结果，实现对多个生理参数或生化参数进行同时多参数成像多模态信息融合。例如可以依次利用两种独立的成像方法，如 MRI/PET 或 MRI/MEG，或者把两种技术结合在同一个设备中如用光/MRI 结合的方法同时进行灌注/分子成像，也可以在同一设备中切换不同的成像方式，如 MRI 中 BOLD/AST 切换，MRI 或 MRS 中同时多核成像，用多光谱光学成像进行同时多探针成像等。

一、生命科学基础研究、疾病诊疗及新药创造迫切需要发展成像技术

随着生命科学基础领域及临床应用研究的不断深入，对生物医学成像技术的要求也越来越高，新的成像手段（如分子成像技术）和应用领域（如转化医学）也不断应需而生。转化医学（translational medicine）的发展目标主要是通过临床前研究（preclinical study）来建立沟通生物医学基础研究与临床应用之间的桥梁。在临床前研究中，分子成像与小动物成像技术是广为关注的研究工具和发展方向。经典的生命科学研究方法（如组织切片、活检等）一般都是有创伤性的，所以相关结果不能直接被移植或转化到临床实践中。而基于动物模型的影像学研究正好可以架起从经典的有创性研究到无创性临床实际应用的桥梁。开展动物模型的影像学研究，特别是采用转基因与生物标记的小动物（绝大多数为小鼠）疾病模型，一方面可将影像学方法所得到的结果与利用经典的生物学研究方法得到的"金标准"进行对照；另一方面，由于影像学方法的无创性，其研究结果可直接推广到临床。以磁共振成像技术为例，过去的十年中与小动物 MRI 研究相关的 SCI 论文量直线增长，未曾有增速减缓的趋势。

虽然在过去几十年中，生物医学成像技术实现了爆炸性的增长，在多个重要领域中得到了广泛的应用，但新的分子成像技术有望大大突破传统成像的局限，对重大疾病诊断、个体化治疗、药物开发和疾病机理的理解都产生重要的作用。分子成像学是指在组织水平、细胞及亚细胞水平对特定分子信息的成像，即用影像学方法反映分子水平的变化，对活体特征成像。优势表现在可以快速、高分辨、无损伤地获取机体特定分子分布的三维图像以及动态变化信息。与已有的医学影像技术相比，可以揭示病变的早期分子生物学特征，从而为疾病的早期诊断和治疗提供可能性，也为临床诊疗提供新的概念。因此，分子影像是当今医学影像最重要的发展方向之一，是生命科学研究的重要手段。分子影像的发展将使人类对疾病的诊断由传统的解剖影像进入分子功能影像时代。

不同的影像学手段在成像原理、性能指标（空间与时间分辨率等）以及所获取信息的种类方面各有特点，也各有优缺点。单一的影像学方法不能满足日益复杂、日益深入的各种研究的需要。近年来，生物成像技术研究的一个趋势就是整合不同种类的影像学手段与方法，建立多模式影像学研究平台。各种多模式联合成像设备、成像子系统或插入式系统（如 MRI/PET，CT/PET，Endoscope/Ultrasound）也相继出现，最终目标是兼顾高时空分辨的成像性能，实现结构以及多种功能信息的获取、互参与融合。PET/CT 一体仪在临床实践中已经得到应用；用于小动物研究的 PET/MRI 一体仪已经被开发出来（*Nature Medicine*，2008）。国际上的多家科研机构也在尝试整合光学成像与 CT/MRI。另外，面向临床的成像设备也趋于小型化、便携化、全自动化，同时兼顾低功耗、低成本，提高其在临床应用中的易用性、交互性、人性化和普及率。

20 世纪 90 年代出现的脑成像技术使得人们能够直接"看到"支配视觉、运动、情感、思维等各种神经活动的脑功能区的空间位置以及不同脑功能区在处理同一外界刺激时相互

之间的时间关系。自出现以来，脑成像技术的发展一直日新月异，在基础神经科学、心理学、神经/精神病学以及神经外科学等领域都获得了重要应用，展现出很好的前景。

二、发达国家正大力推动生物成像技术研究与科研基地建设

发展生物医学成像技术以及临床前影像学研究需要建立一个良好的文化交叉氛围以及集成研究平台，其中涉及基础研究者、临床专家、工程人员、工业界以及管理机构等多方面的交流与协作。面对新兴的生物医学成像技术研究领域，传统单一作坊式的分散研究模式在资金配备、技术支撑、运行能效、人员培训管理等方面存在难以逾越的障碍。建立多种生物成像手段整合的重大基础设施研发和应用平台是目前生命科学研究领域发展的重要趋势。欧美发达国家开展影像学技术研究的具体形式一般采用支持建立规模宏大的、多学科交叉的、有明确目标导向的影像学研究中心。这类中心的建设思路一般是：购置中低端影像学设备、形成系列和配套面向临床应用，自主研发高端影像学仪器设备，建设科研水平高、覆盖范围广、辐射力强的，在地区中乃至国际上具有影响力的研究平台。

美国政府于 2000 年正式批准在 NIH 的框架下建立国家生物医学影像及生物医学工程研究所(NIBIB)，其宗旨主要是促进理化科学、工程技术与生命科学集成，通过引领、催化生物医学技术的发展和应用，推动生命科学基础研究和国家医疗事业的进步。在 NIBIB 的支持与协调下，美国在 NIH 及斯坦福大学、哈佛大学、耶鲁大学、加州大学等著名科研机构建立了若干磁共振与 PET 脑成像研究中心。这些中心现拥有磁场强度≥7.0T 的用于人体研究的大型 MRI 仪 10 余台，用于小动物影像学研究的大型设备近百台。

面对癌症研究的困境，世界上最大的癌症研究专门机构——美国国立癌症研究院(NCI)于 2003 年正式推出肿瘤成像计划(cancer imaging program, CIP)，其主旨是促进各领域科学家的协作从而推行细胞和分子成像等方向的多学科交叉研究，主要研究方向包括诊断成像技术、分子成像技术、图像导航与介入技术以及新成像技术开发四大块。该计划的重要举措包括建立在体细胞和分子成像研究中心(ICMICs)，成立促进多模式光学成像技术转化的协作研究网络，推出小动物成像资源计划(small animal imaging resource program,SAIRP)专项支持 13 个著名的研究机构建立集成多种小动物成像技术的共享研究平台。

例如，在小动物成像资源计划(SAIRP)专项基金支持下，哈佛医学院及其附属麻省总医院(MGH)共建的系统生物学研究中心(Center for Systems Biology, CSB，该校五大交叉学科研究中心之一)成立了全球领先的生物成像研究平台(the bioimaging platform)。该平台聚集了哈佛医学院内一群不同学术背景的优秀研究人员，致力于将高端的成像技术用于揭示复杂的细胞和分子水平的运行机制。在生物成像平台下又分设了小鼠成像平台(mouse imaging platform,MIP)和大型核心显微镜设备平台(microscopy core)。小鼠成像平台基本上涵盖了目前所有最先进的活体成像技术设备，包括核磁共振成像设备(4.7T bruker pharmascan, 7T bruker pharmascan)，PET-CT 双模成像系统(siemens inveon PET-CT,gamma medica X-PET)，SPECT-CT 双模成像系统(high resolution X-SPECT™ system,gamma medica,northridge, CA, USA)，活体荧光分子层析成像系统(FMT)，荧光蛋白层析成像系统(FPT)，介观荧光层析成像系统(MFT)，荧光反射成像设备 FRI (Olympus OV100,siemens BonSAI)，生物发光成像系统(BLI，自制系统一套，另购买美国精诺真公司 Xenogen IVIS imaging system 100 一套)等。另外，大型核心显微镜设备平台采用与

日本奥林巴斯公司共建模式，内设多套先进的活体荧光成像系统与电镜设备，如 Olympus FV1000MPE，IV110，OV110 等。为了维持小鼠成像平台的良好运行，CSB 中心还配备了 6 大外围服务设施或机构，包括病理检测中心，手术操作中心（手术操作、麻醉、动物饲养繁殖），行政管理中心（登记、预定、方案审核），细胞培养中心（构建肿瘤模型），化学检验中心（放射化学检测）以及生物信息中心（数据挖掘、图像分析，数据量化统计等）。总体而言，哈佛医学院/麻省总医院建立的生物成像平台采用了“积聚高水平交叉背景人才，集中大型核心设备，齐全配套服务设施，统一规范管理”的发展模式，一方面注重多模式成像技术创新及相关生物医学应用研究，另一方面也集成了系统完备的科研服务平台，为哈佛医学院、麻省理工学院等波士顿及周边区域内的众多研究机构提供高效高质量的成像技术服务与支持。

在欧洲，生物医学影像学基础设施建设同样受到各国政府和各著名研究机构的高度重视。在 2008 年欧盟会议上通过的最新欧洲研究设施路线图中明确提出了“欧洲生物医学影像基础设施”（Euro-BioImaging，European Biomedical Imaging Infrastructure）的联合平台计划。Euro-BioImaging 将通过协调统一的成像设施满足基础研究和医疗应用两种不同层面的成像需求，改善欧洲在这个方面不成体系的局面。它的总体目标是向欧洲的多学科生物成像项目提供研究基础设施，这些成像项目涉及生物学家、化学家、物理学家、计算科学家、成像技术工程师和医生，成为汇集世界领先生物成像技术的互补性研究中心。Euro-BioImaging 平台内的设施主要为新建，计划在 2009～2010 年准备期投入 1000 万欧元，2010～2014 年的建设期将投入 3.7 亿欧元，2012 年以后的运行期间每年将投入 1.6 亿欧元。Euro-BioImaging 平台建成后，一方面将发展生物医学成像领域中新的成像技术，推进基础研究、诊断、治疗和药物设计；另一方面将开放先进的仪器设备并提供使用培训、面向临床转化应用。

法国政府科研机构 CEA 的生命科学部于 2005 年设立了一个名为“Neurospin”的大科学计划。其总体思路是建设无与伦比的大型影像学设备与平台，使之为生物医学研究者所用；通过提供一流的仪器设备和专业软件服务，促进不同领域的科学家的合作，力图在脑科学研究中取得重大进展。该计划包括研发两台世界上最高场强的磁共振成像系统（一台场强为 11.74T、直径为 1 米的用于人体成像的超导磁共振成像仪和一台场强为 17.65T 的小动物成像的超导磁共振成像仪，预计在 2011 年底完成）。比利时鲁汶天主教大学（Katholieke Universiteit Leuven）的分子小动物成像中心（Molecular Small Animal Imaging Center，MOSAIC），集合了 μPET，μSPECT，μCT，μNMR，生物发光，超声等各种不同的在体成像模式。而且还整合了各种支持技术，包括自体射线影像术、显微手术、离体伽玛计数等。支撑实验室还包括小动物放射治疗实验室、具有 B 级放射安全的二级生物危害实验室。可对各种转基因鼠、疾病模型、治疗方案进行在体研究。并对外提供技术服务。而其他大部分的欧洲国家，主要是在原有的分子成像技术手段上增设小动物成像系统，如很多脑功能成像中心和分子成像中心也购置 μMR，μPET，μSPECT，μCT 等（如英国剑桥大学的欧胜脑成像中心，伦敦帝国大学的生物影像中心等）。

加拿大多伦多大学的放射响应时空靶标和增强的创新中心[Spatio-Temporal Targeting and Amplification of Radiation Response (STTARR) Innovation Cener]则着眼于更广泛全面的研究系统。该创新中心的目的在于最大限度地发展包括放射治疗在内的高效癌症治疗策略，囊括了从细胞研究、动物的前临床研究到人体的临床研究等多个层面。包括四个研究核心：①核心一为细胞水平的研究，支持利用基因组和蛋白质组的检测方法来预测辐射响应及其产生的毒性作用。②核心二为临床前期小动物研究，其重点在于利用小动物模型评价和完善新型的放射治疗策略。它提供的设施将有助于在预临床水平确定和验证化学和生物处理和放射治疗中的反应标志物。③核心三为临床研究，是联系细胞及动物研究与实现人体创新成像和治疗的关键环节。④核心四为计算核心，提供图像配准和支持细胞的分析，临床和临床调查分析。它还提供计算和软件工具以及在线数据存储的研究项目。这些内核之间强有力的合作提供了一个前所未有的环境来鼓励在患者上进行快速实施和测试新策略。在STTARR的核心II就包括了世界上最先进的预临床成像和精密放射处理设备，包括并行位于辐射医疗项目和健康网络大学的玛格丽特公主医院。核心II设备能够支持包括小鼠，大鼠和兔子在内的小动物成像，以及大型动物的成像。STTARR的研究是使用影像，先进的配置，响应调制和成果评估来完成的，即是由这四个核心整合提供便利。这种类型的动态研究方案对于促进知识转化和融合，并最终使患者好转是至关重要的。

近年来我国的生物医疗仪器产业虽然得到了快速发展，但与国外的差距仍然较大，体现在科技创新及其产业化进展缓慢；关键核心技术匮乏，低水平重复异常突出；产品稳定性和可靠性长期得不到根本性解决；主要生产低成本、低附加值产品，关键大型设备如CT，核磁共振成像等基本上依赖进口；设备普及率低，能效使用率不高；学科交叉和相关人才培养亟待加强；大量进口对产业发展造成较大不利影响等。这种落后的产业现状应该部分归因于国内该领域基础研究水平的相对低下，目前还没有一个国家级的生物医学影像研究机构，资金投入明显不足。

三、国际生物成像技术领域的发展趋势

近年来，在多方面因素的共同促进下，生物医学成像技术得以迅猛发展，表现出以下主要发展趋势：

1. 新技术不断涌现，挑战性能极限　将成像技术应用于单分子研究是生物医学成像技术领域的热点和难点之一。单分子研究的目的是研究和发现个别分子的活动特性，需要通过采用纳米尺度分辨的新技术对活细胞中单个分子的行为进行实时拍摄，从而揭示生命过程的内在机制。近年来，以超分辨光学成像为代表的单分子成像技术受到高度关注，被顶尖研究刊物《科学》杂志评为2006年十大科技进展，随后被《自然》及《自然方法》杂志评为2008年年度技术。迄今为止，超分辨光学成像技术（主要是PALM、STORM和STED），已经实现了横向分辨率高达20nm，纵向分辨率为50nm的超分辨成像。以此同时，传统的成像技术如CT与MRI技术的不断创新也使其分辨率不断提高，比如Nano-CT技术的出现使得CT成像德尔分辨率可达到50纳米，且能实现三维成像。另一方面，随着光电技术与信息技术的快速发展，新的成像器件及图形处理模块（如GPU科学计算单元）算法的出现，生物医学成像技术在获取更高通量图像信息的同时，其时间分辨率也不但突破，达到或超过实时高速水平。总而言之，更高的成像质量与更快的检测速度一直会是生物医学成像技术的发展趋势和企求目标。

2. 大型成像设备向多功能、多模式、全自动方向发展　相对而言，不同种类生物医学成像技术在成像原理、性能指标、监测对象和参数方面表现出各自的优势，同时也存在各自的不足和局限性。生物基础研究的逐步深入与临床诊疗精准度的提高迫切需要同时获取多

参数、多层次的功能活动或病理演化信息。因而，不同种类的生物医学成像技术呈现出相互融合、相互补充的发展趋势。各种多模式联合成像设备、成像子系统或插入式系统（如MRI/PET，CT/PET，Endoscope/Ultrasound）也相继出现，最终目标是兼顾高时间和高空间分辨的成像性能，实现结构以及多种功能信息的获取、互参与融合。另外，面向临床的成像设备也趋于小型化、便携化、全自动化，同时兼顾低功耗、低成本，提高其在临床应用中的易用性、交互性和人性化。

3. 与信息技术结合更密切 信息技术对生物成像技术发展的影响和推动非常显著。先进的信息技术让生物医学成像获取信息数字化，数据分析自动智能化，信息传输分享网络化。反之，生物医学成像获取信息的精细化与多维化也不断对信息技术提出了“高计算，高存储，高信息量传输”的需求。因此，在这种相互促进的态势下，信息科学领域的各种新理念与新技术不断地被引入到生物医学成像技术中，显著促进了生物医学成像设备性能的提升或者激发了新成像技术的产生。

4. 与功能基因组、蛋白质组、系统生物学等生命科学研究结合更紧密 现阶段，以功能基因组学、蛋白质组学、系统生物学等为代表的生命科学研究领域呈现出日新月异的发展态势。分子影像技术的涌现和进步在其中发挥了重要的作用。近年来，多种新兴的超分辨显微技术利用生物分子的光物理或光化学特性差异来实现纳米尺度的光学成像，打破了传统衍射极限的限制，将研究对象由离体组织细胞尺度推进到活体亚细胞及单分子层次，从而成为分子生物学的研究热点以及强用力的研究手段。另外，成像技术在系统生物学研究中也体现出明显优势，比如在生物芯片中，采用成像及后期相关处理技术，可以实现高通量并行的数据获取以及自动化的信息提取与分析。

5. 新材料、新器件、新技术的广泛应用 生物医学成像技术的检测对象是生物体，因而要减少对研究对象的额外损伤或扰动。特别是针对临床应用的成像技术，无创或微创是技术创新的前提要求。将新材料、新器件引入到生物医学成像技术中，一方面可以提升成像技术的性能表现，另一方面则可以显著改善成像装置与监测对象之间的相容性，减少或消除对生物机体的损伤效应。例如，新的光纤材料、维纳器件、或技术工艺的出现使得内窥镜的体积更加纤细，同时能保证更好的成像质量。维纳成像器件的出现也促使光纤化显微成像系统的研制和开发，从而让清醒活动实验动物的实时高分辨成像监测成为现实。

第二章

X 射线成像方法及进展

第一节　X 射线成像方法综述

一、X 射线成像基本原理

（一）X 射线的产生

使用X射线管产生X射线的方法自从1895年伦琴发现X射线以来没有变化过，所有的X射线管都是通过阴极发射高速电子流轰击阳极以此来产生X射线，如图2-1。当高速电子与靶材料撞击时会有两种辐射X射线的机制，一种是韧致辐射，另一种是特征辐射。如图2-2所示韧致辐射是高速电子靠近原子核时将一部分能量辐射出去，离原子核越近辐射出的能量越大，当电子直接撞击原子核时能量将全部辐射出去，所以可以看到管电压为90kW时，最高能量的X射线光子能量为90keV，韧致辐射的效率与靶材料的原子序数成正比。另一种是特征辐射，高速电子将靶材料的内层轨道电子碰撞出去，而外层的电子会立即填充该轨道，同时释放出特定能量的辐射。X射线管的X射线产生效率极低，通常只有1%的能量会转化为X射线，其他都转化为热能。除特殊应用外，多数射线管都使用钨作为靶材料，因为钨不但原子序数高($Z=74$)，而且熔点达到3300℃，能够承受高速电子的连续轰击。

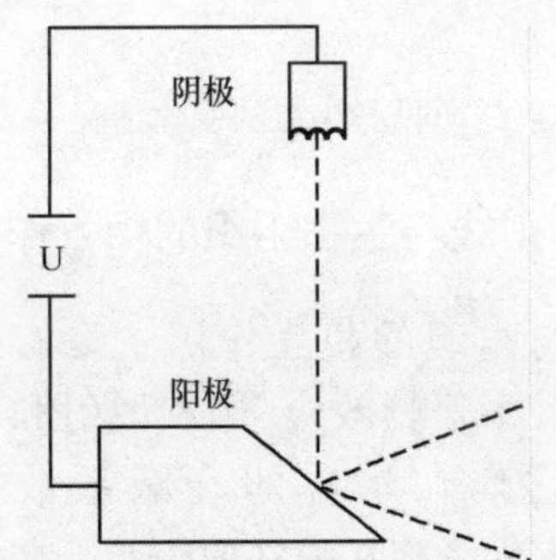

图 2-1　X射线管结构示意图

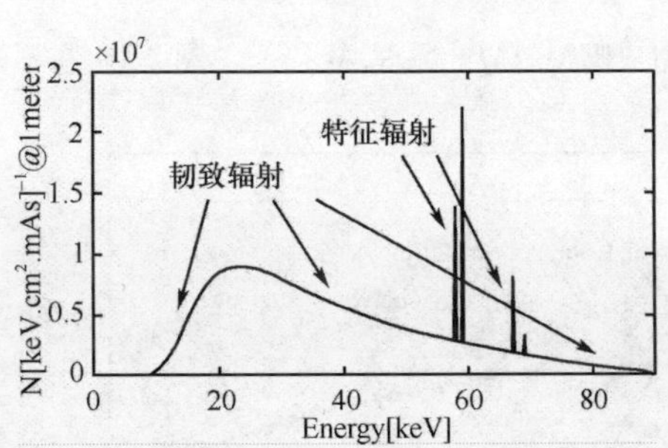

图 2-2　X射线管能谱(Ultrabright，0.5mm厚的铝做为滤波器)

射线管按照焦斑尺寸通常分为两种，一种是旋转阳极的，另一种是固定阳极的。医用的射线管多是旋转阳极，旋转阳极是在电子束轰击阳极时，阳极快速旋转，这样使得承受电子轰击的靶材料有效面积大大增加，所以能够实现高功率的输出，同时，由于使用了更高功率的电子束，因此电子束宽度难以缩小，因此通常轰击的靶面在毫米量级。而固定阳极的通常都是微焦点射线管，由于电子束在靶上的焦点要做到几十甚至一个微米，所以产生的热量有限，固定阳极在良好散热时也可连续工作。

对于微型CT成像来说，对射线管的要求有射线焦斑尺寸、功率和出射射线角度。出射射线的角度要求并不严格，事实上宽的射线角度固然能够覆盖较大面积的成像范围，然而同时也意味着出射X射线的功率密度会降低，并且由于在锥形束成像时随着锥角的增大，沿旋转轴方向的成像质量会急剧下降，通常在锥角小于30°时成像质量可以得到保证，而大部分射线管都可以满足这个角度要求。由几何投影的相关原理可知射线管的焦斑尺寸越小，其对投影图的模糊也就越小，而功率越高成像时间越短。功率和焦斑尺寸则是互相制约的，通常对于微焦点射线管，它们之间的相互关系由式(2-1)确定：

$$P_{\max} \approx 1.4(x_{f,FWHM})^{0.88} \tag{2-1}$$

式(2-1)是一个经验公式，基本适用于现在市售的大多数固定靶X射线管。

射线源在使用时有两个问题需要注意，一个是脚跟效应(heel effect)，另一个是射线焦点投影尺寸会随样品位置改变而改变。脚跟效应产生的原因如图2-3，是由于不同角度出射的X射线在钨靶内经过的路径长短不一，导致在靠近阳极一侧出射的X射线较多被靶材料重吸收，使得出射的X射线强度较小，光谱“较硬”。加装X射线滤波器可以部分解决此问题，另外在使用时可以注意避开“脚跟”区域。而射线管焦点问题产生的原因如图2-4所示，是由于不同角度投影造成的，投影焦点的尺寸随着向阳极方向移动越来越小，焦点在空间投影位置的变化会造成整个三维成像区域的分辨率不均匀，然而在实际成像中只有在成像分辨率与焦点尺寸接近时(高放大倍率下)才会比较严重。

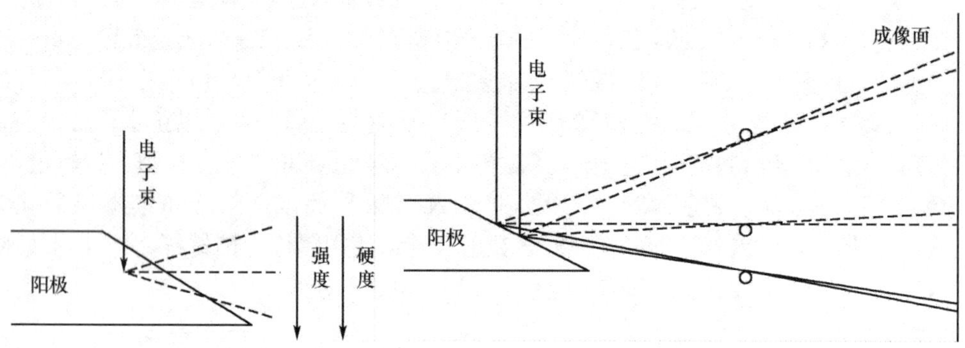

图2-3 造成脚跟效应的原理说明图　　图2-4 在不同方向的X射线源投影焦点的变化情况

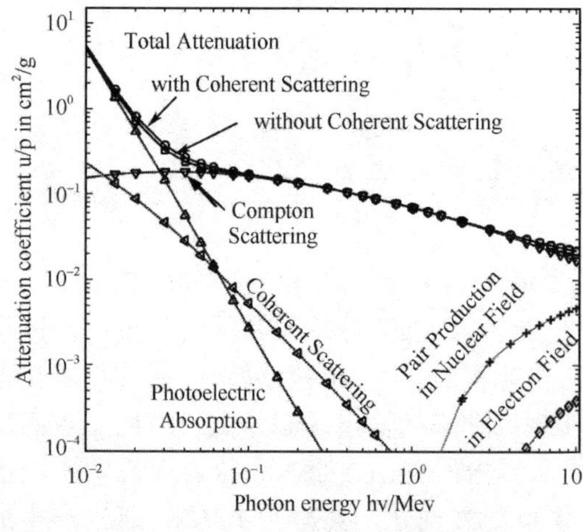

图2-5 不同能量X射线在水中总的衰减系数以及由光电效应、相干散射、康普顿散射和电子对效应分别带来的衰减系数(数据来自美国国立标准与技术研究院)

(二) X射线与生物组织的相互作用

X射线与组织的相互作用主要有四种：光电效应、康普顿效应、瑞利散射和电子对效应，它们在水中的衰减系数如图2-5，由于它们是相互独立的因此下文将逐一介绍。

电子对效应是指当入射X射线光子的能量大于1.022MeV时，在原子的库伦场内产生一个负电子和一个正电子的机率将大大增加，产生的一个负电子和一个正电子被称为一个电子对，负电子与正电子的运动方向之和速度满足爱因斯坦质能守恒方程。产生的正电子会立即和周围的电子结合湮灭并产生一对能量为511keV的运

动方向相反的 γ 光子。正电子湮灭的过程与 PET 类似，但是当所用能量在几个 MeV 到几十个 MeV 的光子时，电子对效应产生的衰减才会占到总衰减的 5% ～ 10%。

瑞利散射又叫相干散射，当散射粒子尺寸小于入射光子波长时会发生。入射光子能量被原子吸收后又被全部释放出来，只是发射光子与原入射方向是不同的。由于瑞利散射主要是前向的，因此它造成的结果就是使得原来的 X 射线光束略微展宽了。此过程与光与生物组织的散射颇为类似，只是在 X 射线与生物组织相互作用中，散射效应远远小于光在生物组织中的散射。相关研究表明，由于 X 射线成像中都是检测 X 射线的吸收，而瑞利散射只是造成 X 射线光子的方向改变，而且发生的概率较小，因此瑞利散射对实际应用中的影响并不大，它会略微影响投影图的对比度，由图 2-5 可以看到包含相干散射和非相干散射的总衰减系数几乎没有差别，即使在医用的 10keV 到 100keV 区域，相差也非常小。

康普顿散射是本文使用的 X 射线谱段在生物组织中发生的主要作用机制，当入射 X 射线光子撞击到一个外层的半自由电子时，一方面 X 射线光子传递一部分能量给电子，使得电子脱离原子核的束缚，另一方面 X 射线光子损失一部分能量并与原入射方向成一定夹角出射。出射角度会朝向各个方向，因此与瑞利散射不同，康普顿散射会大大削弱 X 射线成像的对比度，并且由于出射的光子也会进一步继续发生散射，因此问题变得比较复杂。研究表明，康普顿散射发生的概率取决于物质电子的密度，故无法通过康普顿散射来区分不同的物质，因此它在 X 射线成像中通常是无用的，需要通过准直来消除。由图 2-5 可以看到在大约 25keV 的时候康普顿散射和光电效应在水中发生的概率几乎相等，而在本文中使用的 X 射线谱段康普顿散射占主要。然而由于发生康普顿散射时 X 射线光子只是损失部分能量，而实际探测的是能量的衰减，因此按能量转化来计算，在 60keV 以上时康普顿散射才占到主要的能量损失。也就是说在医用 X 射线的谱段约 25keV 到 120keV 之间康普顿散射会严重影响图像质量。

光电效应是 X 射线成像中提供良好对比度的基础，当 X 射线光子能量大于物质内层电子的结合能时，入射的 X 射线光子将从原子核的内部壳层打出一个自由电子，并且 X 射线光子被吸收后将能量转移给此电子。由于生物组织中的内层电子的结合能通常都很低，因此 X 射线光子的能量几乎全都转移到此电子上，同时原子核的内部壳层产生电子空穴，并且此空穴由外层的电子来填充，由于外层电子处于高能态，当它进入低能态时会带来一次 X 射线特征辐射，并释放出一个新的光电子，如果此光子的能量足够高，能够使内部壳层的电子再次被打出，则被打出的电子被称为俄歇电子。在生物组织中由特征辐射引起的 X 射线的能量较低，因此一旦出射，传播很短的距离就会被再次吸收，因此整个生物组织中的光电效应的过程可以简化为 X 射线在原地全被吸收。X 射线光子被物质吸收的概率 α 由式(2-2)给出：

$$\alpha=k\frac{\rho}{A}\frac{Z^4}{(h\nu)^3} \tag{2-2}$$

其中 k 是与电子能级有关的一个常数，ρ 是物质的密度，A 是物质的原子量，Z 是吸收物质的原子序数，$h\nu$ 是入射 X 射线光子的能量。由式(2-2)可以看出，X 射线的吸收系数与 X 射线光子的能量的 3 次方成反比，与吸收物质的原子序数的 4 次方成正比，从而使得原子序数差别不大的生物组织对 X 射线的吸收系数相差较大。

二、投影 X 射线成像系统

由于人体各组织、器官在密度厚度等方面存在差异，故对投照其上的 X 射线的吸收就各不相同，因而对 X 射线投射量自然也不同。通过探测 X 射线穿过人体后的强度分布，就能得到不同位置对 X 射线的衰减，通过一定的电子技术把衰减分布变成图像中的灰度分布，从而形成 X 射线图像。

自从 1895 年伦琴发现 X 射线以来，X 射线成像技术已经成为医学成像领域最基本的方法之一。在最初荧光增感屏和 X 射线摄影胶片的配合使用，可以获得较高的成像品质 X 射线胶片，同时具备对图像的获取显示存储和传输功能。其中系统所记录和显示的都是模拟信号，在模拟 X 射线摄影中要求严格控制曝光强度，这是因为记录器的动态范围很小，另外对所记录的图像也很难作进一步的处理。

(一) 计算机 X 射线成像 CR 技术

CR 技术是一种通过光刺激荧光成像板 IP 记录 X 射线影像从而达到 X 射线成像数字化的技术。IP 板：构成存储屏的磷光晶体 Phosphor Crystal 采用掺有二价铕的钡氟溴化合物 BaFX：Eu2（X 为卤素氯溴碘）。钡氟溴化合物结晶被 X 射线或紫外线照射后，形成被称之为 F 中心的色中心而着色。F 中心是吸收特定波长可见光后的离子结晶空穴，处于晶体的特定原子已被去除而俘获了一个电子的状态。微量的铕离子在形成荧光体时置换 BaFX 中的钡，从而形成发光中心。F 中心与发光中心共同担负 X 射线信息的储存和再释放任务。当初次受到 X 射线(第一次激发光)照射时，铕被解离，由 2 价变为 3 价，释放的电子经由导电层被卤离子空穴捕获，使 F 中心形成半稳定状态，从而将 X 射线能量储存下来，亦即记录下 X 射线能量所含的影像信息而形成潜影，完成了影像记录过程。此后若以可被 F 中心吸收的具有特定波长的可见光(第二次激发光，在 CR 设备中被用作读出光线)再次激发成像板 F 中心，即把第一次激发时所俘获的电子释放到导电层，再由铕捕获使铕，由 3 价变为 2 价，释放能量而产生与潜影相对应的荧光，由读出装置读出，完成影像的读取过程。IP 板上的信号被读出后，板上残留的潜像被高强度的光信号擦除，以便于 IP 板的再次使用。

(二) DR 技术

DR 是通过探测器直接获得数字 X 射线投影图像的成像技术。根据探测器对 X 射线光子转换的方式不同，DR 系统可以分为两类：直接转换系统和间接转换系统。直接转换系统指使用光电导器件，例如非晶硒，将 X 射线光子直接转换为电荷储存起来，不需要中间任何转换步骤。间接转换系统首先使用一个闪烁屏将 X 射线转换为可见光，然后再通过非晶硅光电二极管阵列或者 CCD 将可见光转换为电荷。薄膜晶体管阵列 TFT 也被用于直接和间接转换探测器中。无论是使用直接或者间接转换探测器，X 射线曝光后的电子图样将被传送到电子读出装置，再经过 A/D 转换产生数字图像。

基于薄膜晶体管阵列的直接转换系统是在电子薄膜晶体管的夹层顶端加了一层 X 射线光电导器件。通常被用作光电导器件的材料为非晶硒，这是由于非晶硒具有非常好的 X 射线探测性能，并且具有很高的固有空间分辨率在 100keV 时＞20lp/mm。在 X 射线曝光之前，将一个电场通过一个偏压电极加在非晶硒层，当 X 射线被吸收到探测器，硒层中的电子和空穴就被释放出来电荷直接被吸引到电荷收集电极(charge-collecting electrode)。非晶硒层中的电场将像素有效地分离开,整个硒层表面都可以用于X射线电荷转换。由于电场的电荷可能会漏到晶体管中,一些小信号会在探测元件的有效部分之间丢失因而这样的设计会引起非常小的图像模糊。

基于CCD的间接转换系统在CCD与X射线源之间加了一层闪烁屏,该闪烁屏以将X射线光转化为CCD可探测的可见光。现在常用的闪烁屏材料为CsI。基本的CCD是由一系列金属氧化物半导体电容组成,这些电容在半导体表面紧密地排列在一起。当经过闪烁屏转换得到的可见光照射到CCD表面时,在半导体表面将产生电荷积累,电荷量的多少代表了照射其上的可见光强度,通过一定的方式将电荷分布读出,经过A/D转换就可以得到数字X射线图像。

大多数人认为基于TFT阵列的数字X射线成像系统比基于CCD的系统能够提供更高的图像品质,特别是需要大面积探测器的时候。这是由于基于CCD一般成像面积较小,为了获得较大的成像面积,通常在基于CCD的成像系统中需要采用光纤探针耦合或棱镜耦合的方式将图像缩小或是采用多个CCD紧密排列组成CCD阵列,而这些处理不可避免的对成像品质有影响。

三、计算机断层成像系统

(一) X-CT扫描仪设备

数学家Radon早在1917年和1919年就分别提出了Radon变换及Radon逆变换公式,然而此时仅具有数学上的意义,表现在影像学上意义即为后来的投影投影算子。20世纪50年代初期,美国神经外科医生Oldendorf为了克服普通X射线成像组织结构重叠伪影,发表了第一篇真正意义上的CT论文,此时才称为计算机断层扫描技术(computer tomography);1963年,南非物理学家Cormack为了精确估计X射线在组织间的衰减率,第一次把非迭代的级数理论引入CT重建算法中;1968~1972年,英国工程师Hounsfield为了区别大脑的灰质和白质,在其老板的资助下,制造了世界上第一台商用CT机。Cormack和Hounsfield在1979年获得诺贝尔(Nobel)奖,而且在影像学界,现在也设立了Hounsfield奖。在近20多年,CT在理论算法的研究上一直处在极为活跃的地位,而且其他一些的成像方式,如PET(positron emission tomography)等,在算法上与CT也很相似。

对不同方向的投影数据相当于知道频谱平面上通过原点的不同方向的直线上的数据。若连续改变投影方向角,则将可覆盖整个频谱平面。因此原则上当知道了物体所有方向上的投影数据,也就知道了物体的整个频谱,从而物体可以重现。实际上,不可能连续改变投影角,只能取分立的、有限数目的投影。然而由于X线束的有限大小,使得所得到的数据总是有限的。从有限的投影数也可得到比较满意的重现。CT成像在很大程度上决定于扫描仪的扫描时间。在第五代CT中全部扫描系统已不存在机械运动,而是以电子扫描技术来代替的。完成一次层面扫描只需0.01s,称之谓动态空间重现机。1989年,螺旋体积扫描CT问世,使CT技术在临床应用上又有新的发展。它以能够连续送床、单次屏气快速扫描和可任意改变影像在z轴上重建位置的特性,克服了呼吸性定位误差,最大限度地减小了部分容积效应,获得了分辨率、均匀度、对比度都明显提高的高质量、高清晰度的图像。CT内镜技术是利用计算机重建功能,模拟内镜以腔内视角显示某些空腔器官的内壁,如血管腔、肠腔、气管及支气管内腔等，有很广阔的临床应用前途，最新推出的高档 CT 几乎都具备这种功能。相信通过大量的实际应用和不断改进，CT 内窥镜必将在腔内病变的显示方面占据重要位置，并发挥越来越重要的作用。射线在肺部成像以及牙齿成像方面已经得到广泛应用。还有一种非完备数据采集的层析 X 射线照相组合技术也得到了广泛应用，特别是在胸部成像方面。

(二) 投影重建图像的原理——中心切片定理

中心切片定理，又被称为傅里叶切片定理是解析方法的理论基础。如图 2-6 所示，有一直角坐标系(s,t)与物体 $f(x,y)$所在的坐标系(x,y)夹角为 φ，$f(x,y)$沿 s 轴方向投影可得投影函数 $P(t,\varphi)$。两直角坐标系的关系(2-3)和(2-4)确定：

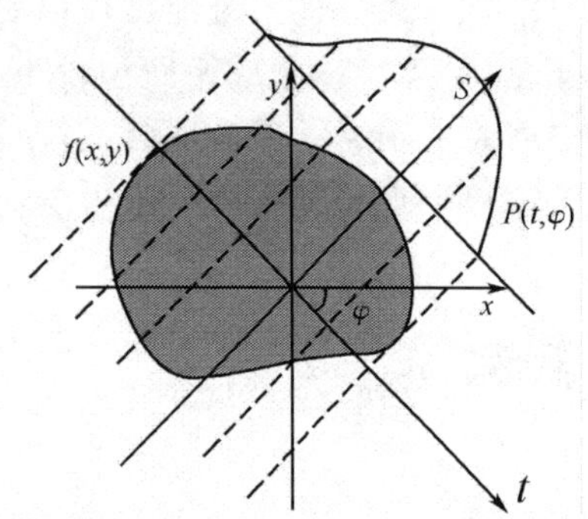

图 2-6　图像向任意角度投影示意图

$$t=x\cos\varphi+y\sin\varphi \tag{2-3}$$

$$s=-x\sin\varphi+y\cos\varphi \tag{2-4}$$

$P(t,\varphi)$是 $f(x,y)$在坐标系(t,s)中沿 s 轴方向的线积分，所以可得：

$$P(t,\varphi)=\int f(x,y)\mathrm{d}s \tag{2-5}$$

式(2-5)求其傅里叶变换有：

$$F_P(\omega,\varphi)=\iint f(x,y)e^{-i2\pi\omega t}\mathrm{d}t\mathrm{d}s \tag{2-6}$$

因为有 $\mathrm{d}x\mathrm{d}y=\mathrm{d}t\mathrm{d}s$ 所以(2-6)改写为：

$$F_P(\omega,\varphi)=\iint f(x,y)e^{-i2\pi\omega(x\cos\varphi+y\sin\varphi)}\mathrm{d}t\mathrm{d}s \tag{2-7}$$

如果令 $u=\omega\cos\varphi$，$\upsilon=\omega\sin\varphi$ 则(2-7)可进一步变化为：

$$F_P(u,\upsilon)=F_P(\omega\cos\varphi,\omega\sin\varphi)=\iint f(x,y)e^{-i2\pi(ux+\upsilon y)}\mathrm{d}t\mathrm{d}y \tag{2-8}$$

式(2-8)形式上与 $f(x,y)$的傅里叶变换是完全一致的。由此可见中心切片定理可以表述为：物体的在某坐标系下沿某一方向的投影(Radon 变换)结果的一维傅里叶变换等于此物体的二维傅里叶空间坐标系中相同方向的经过坐标原点的一条切片。此外，使用动物试验中小鼠的重建的肺部的一张切片，进一步验证和实现了傅里叶切片定理，结果如图 2-7 所示，通过二维傅里叶变化并去切片的结果和通过 Radon 变化后一维傅里叶变换的结果相差非常小，可以认为是数值计算时的舍入误差造成的。

事实上，中心切片定理给我们一个提示，那就是如何通过投影数据重建出原始图像。由于每个方向上的投影图(Radon 变换)的一维傅里叶变换都对应原始图像的二维傅里叶变换空间内过原点的一条切片，因此当我们获得了足够多的切片以填满傅里叶空间时，通过直接进行反变换就可以重建出原始的图像。然而在实际应用中，直接通过傅里叶变换重建原始图像有一系列的问题，例如由前面的论述可以知道，傅里叶空间内的每个切片都是落在极坐标的栅格中，虽然极坐标和直角坐标是可以相互转换的，但是在实际的图像操作中，这种转换必然带来误差。通过一些插值的方式来缩小误差是可以降低这种误差的影响，然而傅里叶域内的误差与空间域内是不同的，空间域内的误差只是在局部某一区域内，而傅里叶域的误差则会影响到整个图像，因此这种重建方式很容易放大误差。

(三) 投影重建图像的算法

透射 CT 的理论基础是投影重建，重建算法自然是 CT 技术的核心，这些算法包括解析算法和迭代算法。其中，解析算法又分为近似算法和精确算法。相对于迭代算法，解析算

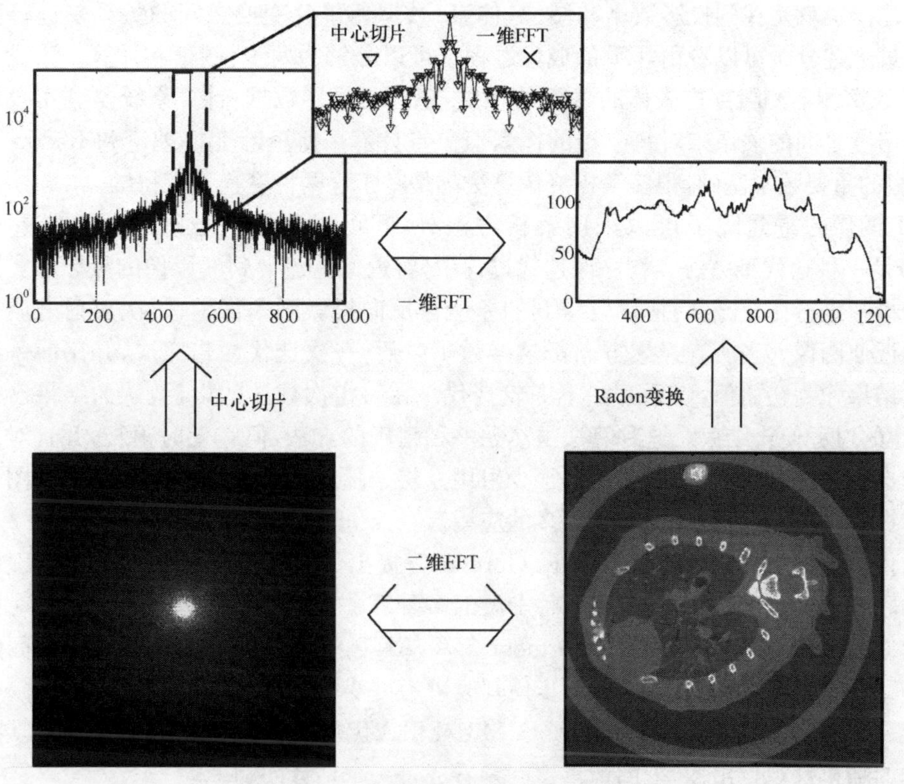

图 2-7　使用小鼠肺部切片图验证中心切片定理

法具有更快的重建速度，并且占有较少的内存资源，因此，成为实际 CT 系统中的主流算法。而在解析算法中，近似算法由于数学上简单，实现起来容易，而且当锥角比较小的时候，能够取得较好的重建效果，所以在实际中有着广泛的应用。在各种基于滤波反投影的近似算法中，FDK 类型的算法一直是实际应用中的主流。另一类是一系列的区域迭代，称为迭代法，也有称之为级数展开法。无论什么扫描方式，都可以寻求逆投影或者迭代算法，比如螺旋算法既有逆投影算法也有迭代算法。

Radon 提出了投影重建的理论基础——Radon 变换。之后 Bracewell 与 Cormack 各自独立地获得了求逆公式，并未利用 Radon 变换，但它们的结果可以从 Radon 变换中导出。这些方法逐渐形成了图像重建的一大类算法——变换法。变换法中两种代表性的算法是滤波反投影算法(FBP)和卷积反投影算法(CBP)。变换法是一种经典反演算法，自 Radon 的论文发表至今，发表了如 G. Herman，F. Natterer 及 A. Ramm 等人的许多有关重要论著。

虽然在理论上平行束投影可以直接用 Radon 正、反变换来建立投影数据和体素密度之间的关系，但是在工程上，实现理想的平行 X 线是达不到的，比较容易实现的是锥束投影和扇束投影。解决此矛盾的一种途径是：通过对这两种投影数据的重排来得到等效的平行投影数据。但是，这种途径会使计算的复杂度增加，而且它必须在所有的投影测量都完成以后才能进行数据重排和重建，因此对计算机的内存需求量也是巨大的。这里还引发了一个新问题：在特定的锥束投影和扇束投影结构下，设备需要多少次投影才能得到所等效的平行投影，也就是投影必须满足数据充分条件。

对于锥束投影和扇束投影，也可以通过建立投影数据与傅里叶变换之间的关系来进行图像重建。也就是找到投影数据和图像(体素)数据傅里叶变换之间的关系来进行图像重建。通过上述分析可以看出,CT 的成像过程也可以分解为两步:测量和计算。测量系统利用 X 射线探测器测量穿透人体的 X 射线强度,也就是投影数据;计算系统是利用投影数据和体素密度之间的关系来对每一点的体素值进行计算。傅里叶变换理论和 Radon 变换是 CT 成像的重要数学基础,很多解析成像算法都是基于这两种变换而获得的。

CT 图像的重建除了可以采用解析方法外,还可以利用代数重建。代数重建方法(ART)是一种迭代型方法。在一次迭代过程中,将近似重建得到的影像的投影和实际测量得到的投影进行比较,然后把比较得到的差值再反向投影到影像上,每次反射之后得到一幅新的近似图像。当所有投影方向都这样做了之后,一次迭代便告完成,并用前一次迭代的重建结果作为初始值,以便开始下一轮迭代。在一定次数迭代以后,认为结果已足够精确,重建的过程便告结束。这种算法虽然是一种精确的方法,但它耗时很长,并且对内存的需求量也很大,因此这种方法目前已很少采用。将来随计算机技术进一步发展和图像质量要求的提高,这一方法可能会得到更多的应用。

迭代重建法中经典的方法当推 R. Gorden 等提出的代数重建法(ART),及 P. Gilbert 提出的联合迭代重建法(SIRT)。其后发展的多种算法大致可以分两类:一类是对两种经典迭代格式的修正,如 P. P. B. Eggerment 等将 ART 中的 Kacmarz 迭代改进为固定块迭代,Y. Censor 及 G. R. Herman 进一步使其改进为可变块迭代,使经典迭代法形成一个统一的框架。二是由 R. L. Kashyap 和 M. C. Mittal 引入优化理论为基础的迭代算法,从投影测量过程的随机性观点出发,把图像重建问题看成是一个估计问题。

优化方法的基本思想是选择一个合理的目标函数进而找出一种使目标函数达到最优值的有效算法。对于图像重建而言,合理的目标函数有:最小二乘法,最小范数法,二次方优化,Bayes 估计,最大似然法,最大后验概率分布法,最小方差法和最大熵法。但具体选择哪种还要视具体重建的对象。绝大多数图像重建优化模型都是将一个单一的标量目标函数最小化(或最大化)。随着优化理论的深入研究,发现了优化算法同经典的迭代算法有着很多的联系,G. Herman 和 A. Lent 论证了 SIRT 算法可通过适当调节参量,收敛到一个最小二乘范数解。A. Lent 论证了在相当一般的条件下,乘积型迭代重建算法(MART)收敛到一最大熵解。最大熵准则在图像重建中具有非常重要的作用,由该准则重建的图像平滑性好,伪像少,而且适合不完全数据的图像重建问题。这些算法本质上都是一种单目标优化迭代算法。

第二节　X 射线 CT 的研究热点方向

一、迭代重建算法

虽然第一台 CT 扫描装置用的是迭代重建技术,但滤波反投影算法很快就成为 CT 重建的金标准。但是由于重建数据量的急剧增长,计算消耗成为了更精确的迭代重建技术应用的障碍。过去十年间随着计算能力的不断增强,包括基于场可编程门阵列(FPGA)、多核处理器(如 IBM 的 Playstation 3 芯宽带引擎)和图形处理器(GPU) 等高性能图像重建技术近来屡有突破,迭代重建算法又重新回到人们的视线中,尤其是通过压缩感知进行重建的算法大大改进了在少量投影条件下的图像重建质量,能够很大程度上降低成像对象接受的射线剂量。

但是目前迭代算法进入临床仍有较多障碍。首先，迭代算法用于某个特定场合必需对若干重要参数进行调整，其成像质量往往对重建参数参数的选择十分敏感。其次，迭代重建算法获得的结果与滤波反投影算法的结果在分辨率，噪声，伪影等方面的特性截然不同，这使得放射科的医生很难立即适应对迭代算法获得的图像的阅片。

二、基于平板探测器的 CT

虽然临床使用的 X 射线系统习惯上只用投影胶片，但平板探测器(FPD)的引入，使这些系统可以实现三维重建。1999 年 GE 公司率先推出基于 FPD 的 X 射线系统，用 FPD 取代了胶片、影像增强器。如今，所有制造诊断成像系统的厂商(GE、Hologic、飞利浦、西门子以及东芝等)都提供基于 FPD 的 X 射线系统。GE、Hologic、佳能和岛津还能独立制造 FPD。一些 FPD 属于间接转换式，先由闪烁晶体把 X-线转变为可见光，再由光电二极管阵把光转变为电荷，以便数字化。另一种是直接转换式，此时 X 射线直接转变为电荷，然后数字化。在间接转化方式里又存在两种不同的技术，基于 TFT 的和基于 CMOS 的。时下常用的 FPD 其像素尺寸在 $(50\times50)\mu m^2$ 至 $(200\times200)\mu m^2$ 之间，有效作用面积达 $(43\times43)cm^2$。

三、纳　米　CT

现有的纳米 CT 有两种实现技术，一种使用纳米量级的 X 射线源，通过高放大倍率实现纳米级分辨率，这种技术较常见。另一种是世界上唯一一台亚 100 纳米级纳米 CT 扫描装置：nanoXCT，新近由 Xradia 公司开发成功，Xradia 系统可在 Zernike 相衬模式下大幅度提高图像对比度，利用专用的容器和物镜光学，它可达到 50 纳米分辨率。纳米 CT 系统是一个革命性的显微镜，可为半导体分析、药物筛选、分子成像、干细胞研究以及材料开发等进行无损研究。

四、多模式融合

现代生物医学成像的一个显著的发展趋势是多模式成像：将两个或几个成像系统协同整合，以获得更好的性能，增进或促进生物医学的应用。一个重要的例子是正电子发射成像(PET)/CT 系统。在 PET-CT 系统中，CT 为 PET 提供了高分辨率的结构定位，更重要的是，CT 能提供高空间分辨的 X 射线衰减系数分布，这能用于修正 γ 射线的组织衰减，改善核素成像方法的精确性。此外，CT 还可能用于提供 PET 重建的先验信息，从而使得 PET 重建的收敛性更佳。近年来，CT 技术与光学技术的多模式成像技术也获得了快速的发展，包括扩散光学层析成像中的荧光分子层析成像技术和生物发光层析成像技术与 CT 的多模式成像。在这些多模式成像技术中 CT 的作用不但是提供高分辨率的结构定位，CT 提供的先验信息也有助于光学层析成像质量的提高。

五、相衬成像

一个多世纪以来，在主流的 X 线成像模式中，对比度机制均是以衰减为基础的。因此对弱吸收组织(各种软组织)成像质量不好，此外辐射剂量也是个令人关注的问题。X 线相位成像依据的是结构的衍射特性，这在晶体结构分析中已经获得广泛应用，在生物医学中的应用却刚刚起步。对生物软组织而言，X线的折射率近于1.0，即 $n=1-\delta+i\beta$，其中 β 与 δ 分别代表衰减与衍射。在15～150Kev范围内，δ 的值约比 β 大3个数量级，这使相衬成像的灵敏度优于衰减成像灵敏度约3个数量级。

在相衬成像中传统的做法是通过干涉仪、衍射仪和同轴全息分别实现。干涉仪和衍射仪限于在配备同步辐射光源的情况下才行。同轴全息方法原先由Gabor在1948年提出。Wilkins等研制出用微焦点多色X线源的同轴全息技术。然而，微焦点X线线源提供的X线通量有限。2006年，Pfeiffer等对此作出了重大的改进，使这种相衬成像系统可用医院级X线管搭建。其关键思想是：利用由X线光栅产生的Talbot效应来检测波形的变动。近年来将相衬技术与纳米CT技术结合也产生了新的突破。

参考文献

A. Ale, V. Ermolayev, E. Herzog, et al. 2012. FMT-XCT: in vivo animal studies with hybrid fluorescence molecular tomography-X-ray computed tomography. Nature Methods 9, 615

A. Momose, and J. Fukuda. 1995. Phase-contrast radiographs of nonstained rat cerebellar specimen. Med. Phys. 22, 375-379

B. L. Wang, and K. Barner. 2003. Fast, accurate and memory-saving art based tomosynthesis. Proceedings of the Ieee 29th Annual Northeast Bioengineering Conference, 61-62

D. A. Jaffray, and J. H. Siewerdsen. 2000. Cone-beam computed tomography with a flat-panel imager: initial performance characterization. Med. Phys. 27, 1311-1323

F. Pfeiffer, M. Bech, O. Bunk, et al. 2008. Hard-X-ray dark-field imaging using a grating interferometer. Nature Materials 7, 134-137

F. Pfeiffer, T. Weitkamp, O. Bunk, et al. 2006. Phase retrieval and differential phase-contrast imaging with low-brilliance X-ray sources. Nature Physics 2, 258-261

G. Wang, H. Y. Yu, and B. De Man. 2008. An outlook on x-ray CT research and development. Med. Phys. 35, 1051-1064

J. M. Boone, T. R. Nelson, K. K. Lindfors, et al. 2001. Dedicated breast CT: radiation dose and image quality evaluation. Radiology 221, 657-667

J. T. Liu, Y. B. Wang, X. C. Qu, et al. 2010. In vivo quantitative bioluminescence tomography using heterogeneous and homogeneous mouse models. Opt. Express 18, 13102-13113

M. Dierolf, A. Menzel, P. Thibault, et al. 2010. Ptychographic X-ray computed tomography at the nanoscale. Nature 467, 436-U482

M. G. Lubner, P. J. Pickhardt, J. Tang, et al. 2011. Reduced Image Noise at Low-Dose Multidetector CT of the Abdomen with Prior Image Constrained Compressed Sensing Algorithm. Radiology 260, 248-256

M. J. Paulus, S. S. Gleason, S. J. Kennel, et al. 2000. High resolution X-ray computed tomography: An emerging tool for small animal cancer research. Neoplasia 2, 62-70

N. deVries, F. J. Miller, M. M. Wojtowycz, et al. 1985. Tomographic digital subtraction angiography: initial clinical studies using tomosynthesis. Work in progress. Radiology 157, 239-241

NIST, http://www.nist.gov/physlab/data/xray_gammaray.cfm.

P. Chen, and K. Barner. 2003. Maximum likelihood reconstruction for tomosynthesis. Proceedings of the Ieee 29th Annual Northeast Bioengineering Conference, 59-60

P. F. Van der Stelt. 1993. Modern radiographic methods in the diagnosis of periodontal disease. Adv Dent Res 7, 158-162

S. Mori, N. Kanematsu, H. Asakura, et al. 2007. Projection-data based temporal maximum attenuation computed tomography: determination of internal target volume for lung cancer against intra-fraction motion. Phys. Med. Biol. 52, 1027-1038

S. W. wilkins, T. E. gureyev, D. gao, et al. 1996. Phase-contrast imaging using polychromatic hard X-rays. Nature 384,

335-338

T. Beyer, D. W. Townsend, T. Brun, et al. 2000. A combined PET/CT scanner for clinical oncology. J. Nucl. Med. 41, 1369-1379

V. Liu, N. R. Lariviere, and G. Wang. 2003. X-ray micro-CT with a displaced detector array: application to helical cone-beam reconstruction. Med. Phys. 30, 2758-2761

W. Zbijewski, and F. J. Beekman. 2004. Effects of reconstruction voxelization in iterative X-ray CT reconstruction.. 2003 Ieee Nuclear Science Symposium, Conference Record, Vols 1-5, 3205-3207

X. C. Pan, E. Y. Sidky, and M. Vannier. 2009. Why do commercial CT scanners still employ traditional, filtered back-projection for image reconstruction?. Inverse. Probl. 25

X. Q. Yang, H. Gong, G. T. Quan, et al. 2010. Combined system of fluorescence diffuse optical tomography and microcomputed tomography for small animal imaging. Rev. Sci. Instrum. 81, 054304

X. Wu, and H. Liu. 2005. X-Ray cone-beam phase tomography formulas based on phase-attenuation duality. Opt. Express 13, 6000-6014

Z. J. Liu, G. Yang, Y. Z. Lee,. 2006. Carbon nanotube based microfocus field emission x-ray source for microcomputed tomography. Appl. Phys. Lett. 89

第三章

核磁共振成像方法及进展

第一节　磁共振成像原理

一、磁共振原理

(一) 磁共振发展简史

核磁共振(nuclear magnetic resonance,NMR)是指具有磁矩的原子核在静磁场中,由于其磁矩与静磁场相互作用形成一组分裂的能级,在特定频率的射频作用下,能级间发生跃迁而出现的共振现象。NMR技术主要包括NMR波谱(液体NMR技术、固体NMR技术)和磁共振成像(magnetic resonance imaging,MRI)。NMR波谱主要用于测定物质的化学成分,如不同生物组织的化学成分测定;测定物质的分子结构,如蛋白质结构测定和不同材料的结构测定等。MRI是一种无损测量技术,主要用于脑结构、脑功能和脑疾病的研究。NMR现已发展成为一门理论和技术都比较完善的科学。由于其可在不破坏样品的条件下探测物质内部的结构与性质,并有迅速、准确和分辨率高等优点,因此在物理、化学、材料、食品、石油、化工、生物、生理和医学等诸多领域的科研和生产活动中都发挥了巨大作用。

NMR作为交变磁场与物质相互作用的一种物理现象,早在1946年被Bloch和Purcell等人用实验所证实。NMR的发现具有十分重要的意义,不仅为量子力学的基本原理提供了直接的验证,而且为多个学科领域的研究提供了一种不可或缺的分析与测量手段。他们二人由于这项重大发现,共同分享了1952年的诺贝尔物理奖。最初的核磁共振技术主要用于核物理方面,现今已经被化学、医学、生物学、食品、遗传学以及材料科学等领域广泛采用,已经成为在这些领域开展研究工作的有力工具。

在以往的半个世纪中,NMR技术发展经历了几次飞跃。1945年NMR信号的发现,1948年核磁弛豫理论的建立。1950年化学位移和耦合的发现使得NMR在化学分析中发挥了重要作用,1965年傅里叶变换谱学的诞生,使得采样时间大大缩短,信号可以被多次累加,信噪比得到了显著提高,因此可以对天然风度较低的核进行检测,极大的拓宽了核磁共振的应用范围,后来超导磁体的应用,谱仪磁场强度的不断提升,也充分提高了NMR谱的分辨率和信号检测的灵敏度,从而推动了核磁共振技术的不断发展,迎来了NMR的真正的繁荣期。

自从20世纪70年代以来,现代NMR技术得到了飞速发展。二维核磁共振概念的提出和实现,极化转移技术和磁共振成像(MRI)都出现于这一时期。多维磁共振巧妙地把原子核(共振峰)之间的相互联系散开在多维平面上,极大的提高了谱的分辨率,同时也提供了更多的结构和动力学信息,使得液体NMR技术的应用迅速扩展到生物领域。到目前为止,NMR仍是测定溶液蛋白质构象的唯一方法;交叉极化技术的发展,使50年代就发明出来的固体魔角旋转技术在材料科学中发挥了巨大的作用；MRI 就是通过在不同方向上施加磁场梯度对物体进行空间编码，利用不同组织之间质子密度、弛豫特性不同，将物体的解剖结构无损的显示出来。随后活体磁共振波谱(in vivo MRS)、化学位移成像(CSI)等方法也在生物医学，临床检测等领域得到了广泛的应用。20 世纪 90 年代以来，利用快速成像方法(EPI 等)和血氧水平依赖效应来研究大脑支配运动、感觉以至学习、认知、思维等高级功能的脑功能成像；利用扩散张量成像(DTI)研究大脑白质损伤的病理演变过程，利用血管造影研究梗塞、血栓形成和血管硬化的分期等技术均得到了迅速发展。

在 NMR 几十年来的发展历史中，逐渐形成了液体高分辨、固体高分辨和磁共振成像三雄鼎立的新局面，并且三者无论是在实验思想、实验方法还是硬件设备方面都得到了巨大的发展。现在 NMR 已经成为了一种在分析化学、生命科学、材料检测、石油勘探和水资源探查等许多领域发挥重要作用的研究工具。有理由相信，随着 NMR 工作者的不懈努力和人类科学技术的不断进步，核磁共振有着更为广阔的应用前景。

(二) 磁共振基本原理

1. 磁共振经典描述 宏观物质中的磁共振现象，它的对象不是单个的核，而是包含大量等同核的系综，亦即讨论的对象是宏观磁化矢量 M。在没有磁场时，核自旋的取向是任意的，宏观磁化矢量强度为零。当沿 z 轴施加一恒定静磁场 B_0 时，核自旋倾向于与磁场的方向保持一致，占据稳定的低能态；另一方面又由于热运动的原因，各能级上的自旋数目又趋向于均匀分布；最后两种运动达到动态平衡后，占据低能态的自旋略多于占据高能态的自旋数目。自旋数目的能级分布符合玻尔兹曼分布，此时在沿着磁场方向(z 轴)有一个宏观磁化矢量强度 M_0。并且宏观磁化矢量与外部磁场的相互作用会使磁化矢量绕固定磁场方向作匀速进动，其进动频率称为 Larmor 频率，这时系统处于稳定状态。但是 M_0 与 B_0 相比很微弱，为了检测宏观磁化矢量的变化，必须将它从与 B_0 的平行关系中分离开来。通常通过施加射频磁场的射频能量来实现这一目的。在垂直与 B_0 的平面内如 x 轴施加一个角速度为 ω 的线偏振交变磁场 B_1，这时磁矩又将围绕 B_1 以 Rabi 频率 γB_1 进动，物理学上把这种磁矩在射频场作用进行的缓慢进动叫章动。此时宏观磁化强度矢量偏离原来的方向，偏离 B_0 一个角度 θ，这个角度称之为章动角。进动和章动统一由 Bloch 方程来描述，在讨论章动时，一般使用以 Larmor 频率为转动频率的旋转坐标系。根据旋转坐标系中的 Bloch 方程求解，得出的共振条件是

$$\omega=\omega_0=\gamma B_0 \tag{3-1}$$

简单地说 NMR 是指核磁矩不为零时，在外磁场的作用下，核自旋能级发生塞曼分裂，如果此时在垂直于外磁场方向上加一射频场，当射频场的频率等于两相邻能级的跃迁频率时，发生相位相干，即共振跃迁的物理现象。

2. 磁共振量子力学描述 世间一切物质都是由原子组成的，原子由原子核和核外电子所构成的，原子核又由带正电的质子和不带电的中子组成的。我们所看到的丰富多彩的世界均由这些微观的物质组成。人们对微观物质的探索也永无止境。二十世纪初原子物理学家发现当原子核中的质子数为奇数时，或者质子数为偶数中子数为奇数时，原子核具有自旋这样的物理特性，自旋是量子力学特有的概念

核自旋用矢量 I 表示，自旋量子数用 I 表示。I 和原子核本身的质子和中子数有关。当质数和中子数都为偶数时，$I=0$；当质子数为奇数时，$I=$半整数；当质子是偶数而中子数

是奇数时，I=整数。同一个核，可以有不同的自旋量子数。当自旋量子数 I 不等于零时，核具有角动量和磁矩。核自旋角动量是空间量子化的，核自旋角动量在 z 方向投影为

$$Iz=m\hbar \tag{3-2}$$

$2\pi/h=\hbar$，h 为普朗克常数。m 被称为核的自旋磁量子数，$m=I,I-1,\cdots.,-I+1,-I$。

而核磁矩在 z 方向的投影为 μ_z，

$$\mu_z=\gamma Iz=\gamma m\hbar \tag{3-3}$$

γ 是核自旋的旋磁比，由分析可知，核磁矩是量子化的，由于 m 有 $2I+1$ 值，所以核磁矩将会在外磁场中有 $2I+1$ 个不同的空间取向。

在没有外磁场的时候，对于核磁矩不为零的核，虽然它们具有不同的磁矩，但是它们的能量是相同的，能级是简并的。当加上外磁场 B_0（通常称为静磁场）时，磁矩与磁场相互作用，核能级发生塞曼分裂，相互作用势能为 E。

$$E=-\mu_z B_0=\gamma m\hbar B_0 \tag{3-4}$$

以质子为例，质子的 $I=1/2$，$m=\pm 1/2$，在外加磁场 B_0 作用下分裂成两个能级，

$$E_1=-\mu_z B_0=-\gamma m\hbar B_0=-\gamma\hbar B_0/2=-\hbar\omega/2 \quad (m=1/2) \tag{3-5}$$

$$E_2=-\mu_z B_0=-\gamma m\hbar B_0=-\gamma\hbar B_0/2=-\hbar\omega/2 \quad (m=-1/2) \tag{3-6}$$

其中 $\omega_0=\gamma B_0$，ω_0 定义为拉摩频率。

两能级差为 $\Delta E=\hbar\omega_0$，可见 ΔE 与静磁场强度成正比。当静磁场存在的条件下，加上强度远小于 B_0 的射频场 B_1，而且频率满足以下条件

$$H\nu=\hbar\omega=\hbar\omega_0 \tag{3-7}$$

就会发生核磁共振，即原子核吸收射频场的能量，在两个塞曼能级之间跃迁。其中 υ 和 ω 是射频场的频率和圆频率，$\omega=2\pi$。

二、磁共振成像原理与方法

(一) 磁共振成像基本原理

考虑一个宏观样品(水或生物组织)在没有外场的情况下，自旋核体系中的磁矩可沿任意方向，其矢量和为零，或者说体系的磁化强度矢量 M 为零。若将其置入外磁场 B_0 中，核自旋倾向于与磁场的方向保持一致，占据稳定的低能态；同时由于热运动的原因，各能级上的自旋数目又趋向于相同分布，最后达到动态平衡(图 3-1)。自旋数目的能级分布符合玻

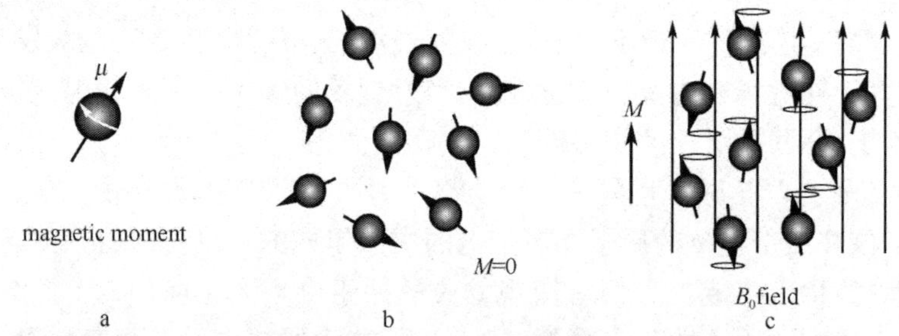

图 3-1　核自旋磁矩与体系的宏观磁化矢量

a. 单个原子核自旋的磁矩；b. 没有外场的情况下，体系内自旋磁矩矢量和为零，即体系的宏观磁化强度矢量 M 为零；c. 在外磁场 B_0 中，自旋磁矩绕主磁场的方向进动，磁矩与主磁场方向平行的自旋数目略多于与主磁场方向反平行的自旋数目，宏观磁化强度矢量 M 不再为零

尔兹曼分布，占据低能态的自旋稍多于占据高能态的自旋数目。这时，核磁矩矢量不能完全抵消，在沿磁场方向的主轴（z 轴）上投影为 M_0，但当体系受到垂直于主磁场（例如沿 X 轴方向）的射频（radiofrequency，RF）场的激励，M 将偏离 B_0 的方向，处于低能级上的自旋向高能级跃迁，核磁矩相位也趋于一致，即发生相位相干，则 M 将包含非零分量 M_z 与 M_{xy}。与此同时，体系与周围环境相互作用，高能态的核向外转移能量回到低能态，使体系又趋向于热平衡态的自旋能级分布；处于不同能级上的核之间也发生能量交换，体系总能量没有损失。这两种物理过程分别被称为自旋一晶格弛豫和自旋一自旋弛豫。宏观体系，尤其是生物体系中的弛豫过程往往非常复杂，但主要是这两种。

MRI 中所说的弛豫一般是指宏观磁化矢量强度 M，在受到脉冲磁场的激励产生非零分量 M_z 与 M_{xy} 后，向其在静磁场中激发前初态的恢复过程，是前述核体系两种弛豫过程的宏观反映。与之对应的，M 的弛豫也包括两个过程，一个是纵向磁化矢量 M_z 向激励前最大值的恢复，是自旋一晶格弛豫的反映，也称纵向弛豫，或 T_1 弛豫；一个是横向磁化矢量 M_{xy} 绕 z 轴进动并向零值恢复，也称横向弛豫，或 T_2 弛豫（图 3-2）。两种弛豫的时间常数通常用 T_1，T_2 来表示。若使用射频脉冲使 M 翻转 90°到 xy 平面后（这种脉冲通常称为 90°脉冲），M_z 分量为零，M_z 与 M_{xy} 的弛豫过程可分别表达为

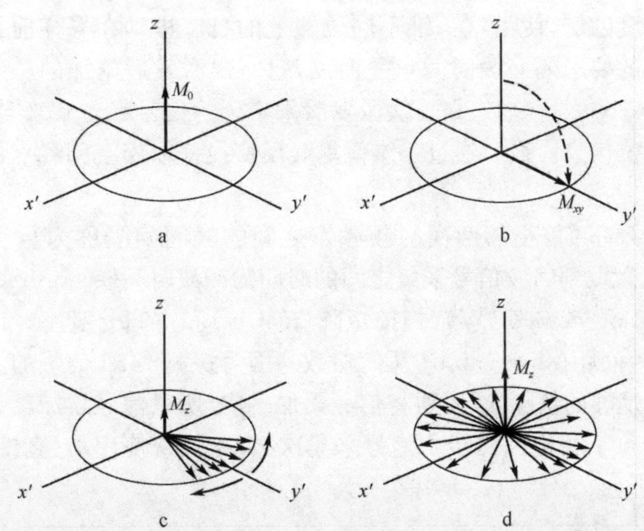

图 3-2　宏观体系磁化矢量弛豫过程，z 轴为主磁场方向，x'-y'-z 是相对于实验室坐标系绕 z 轴以 Larmor 频率进动的旋转坐标系

a. 静磁场中，体系的磁化矢量 M_0 沿 z 轴方向；b. 施加射频场将 M 翻转到 $x'y'$ 平面，此时 M_{xy} 最大，M_z 为零；c. 自旋因相互作用而散相，M_{xy} 逐渐减小，称为 T_2 弛豫，M_z 也逐渐恢复，称为 T_1 弛豫；d. 自旋进动完全散相，M_{xy} 归零，M_z 仍继续恢复，直至初值 M_0

$$M_z(t)=M_0(1-\mathrm{e}^{-t/T_2}),M_{xy}(t)=M_0\mathrm{e}^{-t/T_2} \tag{3-8}$$

这时，T_1 和 T_2 分别是 M_z 回复到 63% M_0 和 M_{xy} 衰减掉最大值 37%左右所需的时间（图 3-3）。MRI 中所采集的信号就是 M_{xy} 弛豫进动感应出的自由衰减信号（free induction decay signal，FID）。FID 信号由于局域场不均匀性等因素影响，衰减非常快，所以在更多情况下是采集回波信号。回波是指横向磁化矢量散相后再设法使之重聚形成的信号，最早是 Hahn 于 20 世纪 50 年代观察到。通常使用 RF 脉冲使磁化矢量翻转 180°至各自镜像位置，然后等待其继续进动以重聚相位，也可以通过翻转梯度场的方向来得到回波信号。

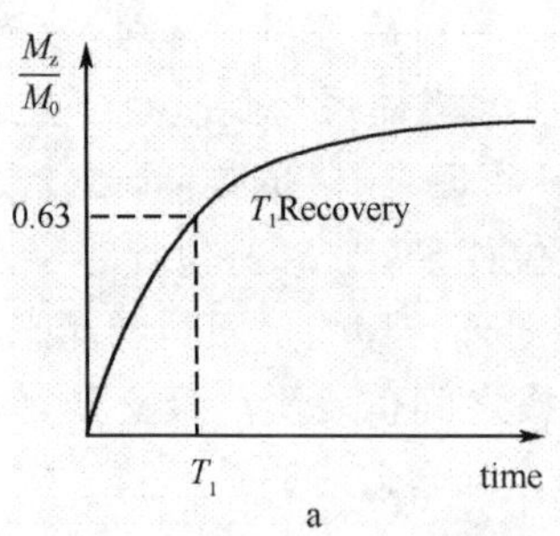

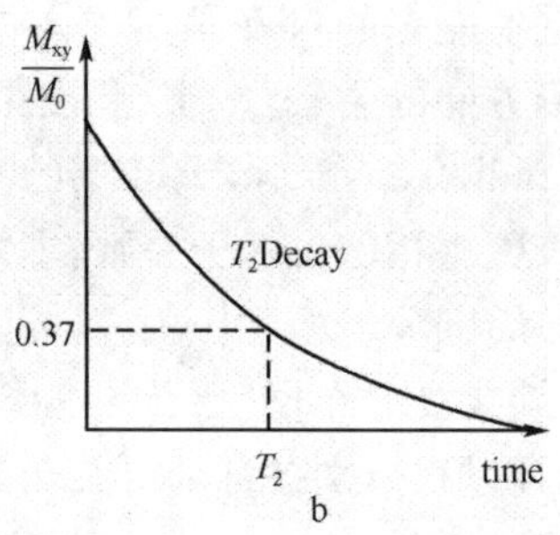

图 3-3　90°射频脉冲激发后 T_1、T_2 弛豫过程以及 T_1 和 T_2 的定义

通常 MRI 是采用梯度磁场空间编码的方法来进行核自旋的空间定位。施加附加的梯度磁场，使处于空间不同位置的核自旋以不同的拉莫尔频率进动，施加包含一定频域宽度的 RF 脉冲，可以选择性激发空间不同层面位置上的核自旋，附加磁场的梯度称为选片梯度，其方向与所选层面垂直。在每一二维层面内仍旧使用梯度编码。其中一维的编码通过信号采集时施加梯度，使沿这一维不同位置的自旋信号频率不同，通常称频率编码(frequency encoding)，或者读出编码(read-out encoding)。另一维的编码则通过射频激发后在这一方向上施加梯度磁场，使沿这一维不同位置上的自旋进动在采样前具有不同的相位；根据目标图像矩阵的要求隔一段时间重复激发，每一次激发后施加的梯度场强不同，这通常叫相位编码(phase encoding)。每一次激发后采集到的信号都包含来自于不同体素的各种频率分量以及相位信息。最后通过二维傅里叶反变换提取出空间各点的信号强度，即重建出图像。

在一个脉冲序列里面，相邻两次射频激发之间的时间间隔称为重复时间(repetition time, TR)，每一次激发到回波信号采集之间的时间为回波时间(echo time, TE)，常用到的还有扫描视野(field of view, FOV)，扫描矩阵(matrix)和空间分辨率，二维成像时的片厚(slice thickness)，片间距(slice gap)等几何参数。因为探测 MRI 信号的灵敏度较弱，一般采集图像时为获得足够的信噪比，需要将信号累加多次，所以信号累加次数(number of excitations, NEX，指每个相位编码步中信号采集次数)也经常使用，它直接决定扫描所需的总时间(图 3-4)。

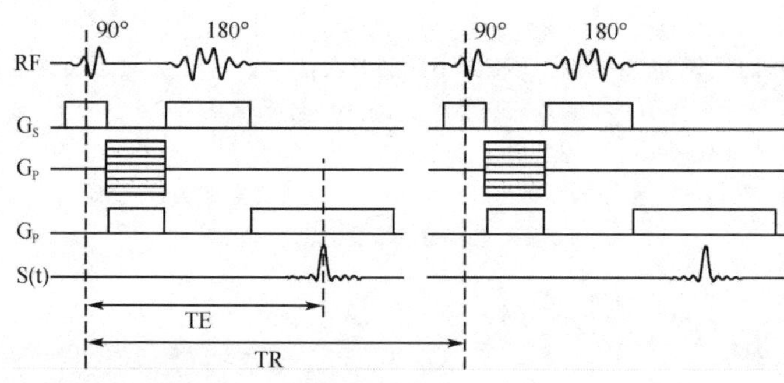

图 3-4　常规自旋回波序列时序图

90°脉冲为激发脉冲，180°脉冲为重聚脉冲。RF、G_s、G_p、G_R 和 S(t)分别表示射频、选片梯度、相位编码梯度、读出梯度(频率编码梯度)和采样信号。选片梯度与射频脉冲同时开关，在每一次 TR 内使用不同的相位编码梯度强度，读出梯度与信号采集窗口同时开关

（二）磁共振成像的优缺点

目前，在临床诊断和生物医学基础研究中有着广泛应用的成像技术包括：超声成像（ultrasonic imaging）、X 射线透视、X 射线计算机断层扫描（X-ray computerized tomography，X-CT）、正电子发射断层扫描（positron emission tomography，PET）和磁共振成像（magnetic resonance imaging，MRI）等。MRI 由 Lauterbur 在 1973 年首先提出。与传统的成像方法相比，MRI 具有以下优点：

1. 无损伤、无侵入　由于依赖 X 射线或者其他外源性放射性物质，X 射线透视、X-CT 和 PET 对人体健康可能产生有害的影响。然而到目前为止，还没有发现磁共振成像所用到的静磁场、梯度场切换以及相应频率范围内的无线电射频电磁波对生物组织、活体会产生任何可观测的损伤；并且 MRI 可在不使用外源性造影剂的前提下可获得高质量的图像，保持对被检查对象的无侵入。正是 MRI 的这种无损伤无侵入的特性使得它非常适合于活体（in vivo）研究生物体的结构及其功能。

2. 多参数成像　MRI 技术可利用它的多参数方法进行成像，例如自旋密度、横向弛豫时间、纵向弛豫时间、化学位移、扩散系数、血流速度等参数。一次检查中，MRI 能够对同一检测对象获得多种参数像，这在临床检查中能够为医生的诊断提供更详细更准确的信息，对疾病的早期发现具有极其重要的意义。

3. 多核成像　MRI 利用核自旋的磁共振信号成像，理论上所有非零自旋的核都能用来成像。目前，除了最普遍应用的^{1}H 之外，^{13}C、^{19}F、^{23}Na 和^{31}P 等都已用作成像核。

4. 可观察心脏和血管结构　血管造影技术目前可以显示一些比较大的血管，随着技术的发展以后获得的血管像会越来越清晰。

5. 可进行介入 MRI 治疗　介入 MRI 技术的发展，不仅使患者免受传统手术之苦，而且为他们提供了一种廉价的治疗方案。

6. 可提供代谢、功能方面的信息

正是这些优点造就了磁共振检测手段的多样化。从技术层面划分，生物医学磁共振技术主要包括解剖结构 MRI、活体定域波谱、脑功能成像和显微成像等。也正是因为成像技术的灵活性和变通性，使得 MRI 的应用研究工作与临床诊断结合的越来越密切，从基础研究到临床应用的时间也有缩短的趋势。

虽然 MRI 技术有着其他成像技术手段无法比拟的优点，但是 MRI 技术本身也有一定的局限性，如成像速度较慢，这是 MRI 的主要缺点。不利于躁动或丧失自制能力的患者，危重患者被检测对象的检查；较之 CT 等其他成像技术，空间分辨率低；具有较为严格的禁忌证，机体内装有心脏起搏器、动脉瘤夹，金属内置物的个体不能接受 MRI 检查；检查中对于不含或少含氢质子的组织如骨骼、钙化灶等的结构显示不佳等。

随着 MRI 相关技术和手段的不断更新和发展，无创伤性和多参数成像已经成为医学和生命科学研究和实践中必不可少的手段之一，它的不足之处正逐渐得到修正和改善。现在，MRI 已经成为医学诊断中的常规方法和手段，在全球范围内每年有超过 6000 万的研究项目在进行中，使得相关的技术和方法不断的进步。与其他的成像技术相比较，MRI 更胜一筹，并能显著改善多种疾病的诊断水平。MRI 已经取代多种有创性的检查方法，减少了患者的许多风险和不适。MRI 技术的衍生出来的功能性磁共振成像方法（functional magnetic resonance imaging，fMRI）已成为研究脑的功能的先进手段，成为人类研究、攻克和战胜疾病的十分重要的选择，它为未来医学和生命科学的进步和发展展现出了一幅幅美丽的画卷和宏伟的蓝图。

第二节　先进磁共振成像方法与技术

一、血氧水平依赖(BOLD)对比度磁共振成像/功能成像

血氧水平依赖对比度成像(BOLD)是目前应用最广泛的功能磁共振成像方法，它利用生物体静脉血中顺磁性的去氧血红蛋白作为天然造影剂，使用快速的脉冲序列(EPI)而成像，是一种无损的活体检测技术。

BOLD对比度磁共振成像是由Seiji Ogawa于1990年提出的，了解其生物学机理的关键在于对两种血红蛋白磁特性的理解。生物体血中氧的主要载体是氧合血红蛋白。当氧合血红蛋白释放氧之后，形成的脱氧血红蛋白是一种具有顺磁性的内源性物质，它的存在可以造成血管及周围组织磁化率的不同，产生局部性非均匀磁场，局部磁场的大小与去氧血红蛋白的集中分布及血管相对主磁场的走向相关。受该局部磁场影响的区域经水分子的散相过程，其信号强度会相对减少，因此在图像上形成对比，这就是血氧水平依赖对比度成像的由来。而事实上，活体BOLD功能图像上的激活常表现为高亮信号。这是因为当局部神经元活动增强时，耗氧量增加，氧合水平降低，然而此时血流量，血容积等亦会随后增加，当其增幅超过局部所需耗氧量时，最终效果将表现为局部含氧量增加，氧合水平升高，则去氧血红蛋白浓度降低，根据其磁特性及MRI成像原理，在图像上往往表示出信号强度高。因此，血氧水平依赖对比度成像所检测的信号并不是直接的神经元活动的反应，而是度量局部去氧血红蛋白浓度的改变；这种改变是血流，血容及氧的代谢变化共同作用的结果，BOLD信号的变化与其他功能成像信号改变之间相关而又有所区别。深刻理解其成像原理及信号来源，对于实验结果的理解，以及不同实验技术所得数据的综合分析是至关重要的。

关于BOLD成像信号与神经元活动之间的精确对应关系目前尚无定论，很多研究将BOLD信号同反映局部电活动的局部场电位做比较发现其有相似性，或单独研究血流，血容等信号也可为BOLD信号的理解提供帮助。目前血氧水平依赖对比度成像在脑功能方面的应用主要分为两个方面，一是事件相关或称任务相关的功能成像，它主要用于分析大脑在特定刺激或任务中的反应；另一个是用于静息态脑功能的研究，它侧重分析大脑的固有属性。

传统的BOLD-fMRI研究通常需要通过制定严密的实验计划，优化扫描序列和参数，进行合理的数据处理和统计等而得到可视化的激活图像，其中任一因素的不合理都可能会导致假阳性的结果。产生最终对比激活图的两种状态依实验设计和目的而定，可以是实验任务和非任务(静息)的对比来分析特定任务的激活，也可以是两种分层任务的对比来更好地提取单一功能区，而在神经精神疾病脑功能的研究中则是通过不同分组的对比来发现异常。过程中图像数据的处理主要发展了时间和空间矫正，图像配准，标准化，平滑，可视化等方法，并经过一定的统计分析，最终提取激活信号将其定位于解剖结构来得到功能执行的脑区，从而研究大脑各种功能活动。基于任务的BOLD-fMRI研究已经取得了大量的研究成果，它是BOLD研究的主要方向。

静息态脑功能的研究是近十几年来才引起重视的一个方向，并被认为与任务状态的脑功能研究同样重要。与传统BOLD-fMRI需要对两种状态的成像数据进行比较不同的是，

静息态的分析主要通过各脑区在时间尺度上的活动同步性来确定功能连接和网络。在被试清醒并且不进行特定任务状态下获取的一系列BOLD图像中，每个体素的信号都可提取成为时间序列，其中有意义像素的信号是随时间变化的。通过分析这些时间序列的相关性，可以得到活动同步的体素信息，进而认为这些脑区之间存在功能连接，在静息状态形成功能网络。最初的研究结果由Biswal等人在1995年提出，他们通过分析静息态感觉运动皮层BOLD信号中的低频成分(<0.1Hz)，发现大脑左右半球感觉运动皮层的低频涨落信号之间具有显著的相关性，并认为这是存在功能连接的证明。此后至今的研究结果表明，大脑里的各种网络，包括运动，语言，视觉，听觉等在静息态依然存在功能连接，理论上来说，我们可以得到大脑任一有意义体素的功能连接网络。另外，独立成分分析(ICA)也是研究静息态BOLD数据的重要方法，它是以假设各输入信号相互独立为前提，得到相互独立的多套静息网络。静息态功能网络中，最引起关注的是默认网络的功能网络，包括后扣带回/楔前叶，前额叶等脑区，它随年龄的增长、大脑的发育而会经历一个从无到有不断完善的过程。研究认为默认网络可能执行自指示的精神活动，游离的思绪等内省功能，并且与智商，任务执行能力等个体能力相关，是不同群体、尤其是精神神经疾病患者群与正常个体存在差异的重要网络，具有重要的研究价值。近年来很多研究通过将静息态BOLD结果与DTI等研究手段结合分析发现，多数静息态功能连接之间都同时存在解剖连接，因而静息态的功能网络很有可能反应了大脑固有的解剖结构和默认属性；同时静息态的功能连接几乎包括了所有已知的任务激活时的连接网络，并且较之任务激活的研究所得结果更为全面，可以为任务激活的研究结果提供指导和预示。

二、扩散加权成像与扩散张量成像

扩散加权成像(diffusion-weighted imaging, DWI)和扩散张量成像(diffusion tensor imaging,DTI)是磁共振成像技术的一项重大突破。早在1950年，Hahn就发表了论文描述磁共振信号的衰减与扩散现象之间的联系；1956年，Torrey等人提出了磁化流(magnetic flow)的概念，并且在Bloch方程中加入扩散效应，从而推导出磁共振信号衰减与扩散效应之间的定量关系。虽然从理论上使用固定强度的梯度磁场的自旋回波脉冲序列(spin-echo pulse sequence)可以测量出水的自扩散效应(self-diffusion)，但是其扩散效应被高估。1965年，Stejskal与Tanner使用双极脉冲梯度回波序列(bipolar pulsed gradient spin echo sequence)来测量扩散效应，这也是现今磁共振成像常用来测量扩散信号的方法。20世纪80年代中期，一些研究人员开始研究用磁共振成像研究生物组织中水分子的扩散现象，并提出了DWI的基本原理。1986年Le Bihan等人提出，由于水分子在毛细管中因为扩散及灌流，使得自旋回波的磁共振信号衰减，观察到这种现象可以延伸DWI技术在临床诊断的可行性，揭开了DWI技术在临床应用的序幕。DWI最成功的临床应用首见于90年代初期Moseley等人观察猫脑的局部缺血现象。早期的大脑局部缺血会造成磁共振信号的下降，所以DWI可提供患者早期的检测，从而获得及时治疗的机会。扩散加权磁共振成像的最新进展就是DTI。早在1991年Douek等人就提出水分子扩散运动的速度在平行于神经纤维的方向要比垂直于纤维方向快的假设。虽然当时并没有建立正确的理论基础，但是水分子在平行于神经纤维方向的扩散运动速度要比垂直于纤维方向的运动速度要快的概念已经被勾勒出来。如何将大脑或者生物体内错综复杂的神经、肌肉纤维方向清楚的呈现呢？Basser等人于1994年提出了DTI的理论。这个理论的关键在于水分子的运动为高斯分布的假设，仅用 6 个外加扩散磁场梯度方向以及一个无扩散磁场梯度的 7 幅 DWI 图像就可以还原出扩散张量。并且用扩散张量的主特征方向代表水分子扩散运动最快的方向，即神经纤维的方向，根据这个假设可以重建出神经白质纤维，而其对应的特征值为这个方向的扩散系数。至此，DTI 技术的理论成熟起来了，其发展也进入了一个新的时期。

目前，DTI 方法及其由该方法导出的纤维束成像技术在认知神经科学和临床神经科学方面得到了广泛的应用并取得了巨大的成就。该技术能够提供脑组织内水分子的扩散信息，从而能间接反映脑白质纤维束的物理和功能特性，因此它广泛用于神经白质、骨骼肌、心肌等各向异性介质的病理特异性研究。这对于相关疾病的临床诊断具有潜在的价值，有可能对那些危险性大的疾病如脑梗阻和心肌梗阻做到早期发现和及时治疗。近年来，国内外已经用 DTI 方法对临床常见的神经、精神疾病如，如多发性硬化症（multiple sclerosis，MS）、慢性中风（stoke）、阿尔茨海默病（Alzheimer's disease）、精神分裂症（schizophrenia）、抑郁症（depression）、酒精成瘾（alcoholism）、帕金森综合征（Parkinson's disease）等疾病进行了临床基础研究。

虽然 DTI 方法得到了广泛的应用，但是它不能完全解决纤维交叉问题。主要原因是 DTI 中要假设水分子扩散服从高斯分布，然而这种假设只是在一束（同向）纤维存在的时候成立，遇到纤维交叉的情形就会失效。目前，如何解决纤维交叉问题已成为 DTI 领域的热点与难点问题。为了解决这个问题，研究人员已经从成像技术与数学模型方面进行了一些研究。在成像技术方面：diffusion spectrum imaging 以及 Q-space imaging 这些新的成像方法能够从底层直接刻画纤维方向的概率分布密度函数，因此可以用来描述体素的纤维交叉现象。在数学模型方面：根据对模型依赖的形式的不同，可分为直接求逆变换、基于模型假设的求解、基于函数基分解求解等等。但是这些成像方法与数学模型还存在扩散梯度方向要求过多、成像时间过长、求解不稳定、计算量过大很难在线实现、对扩散磁场强度要求太大等诸多缺点。所以这些方法目前更大程度上还处于模拟数据的理论研究方面，距离真正的临床应用还有一段距离。因此，将来如何准确地建立数学模型并结合解剖知识来解决纤维交叉的问题是今后值得我们去研究的。

三、磁共振灌注成像

脑血流（CBF）的测量在临床的诊断中有着重要的意义和作用。迄今为止人们已经发展了多种测 CBF 的方法和技术，如 PET、CT 和 MRI 等。磁共振灌注成像能够无损地测量 CBF。目前，临床最常用的磁共振灌注成像方法为动态磁敏感对比增强磁共振成像（dynamic susceptibility contrast magnetic resonance imaging，简称 DSC-MRI）。在这种方法中，首先要通过静脉注射外源性造影剂，如 Gd-DTPA 或 Dy-DTPA，然后快速测量感兴趣区内由于造影剂所导致的磁共振信号强度改变，进而通过信号强度改变的幅值和时间规律计算定量的脑血流值。因为造影剂在组织运动停留的时间只有几秒，所以必须利用时间分辨率的高的磁共振成像方法采集造影剂流入和流出组织时刻的磁共振图像，从而获得造影剂通过组织的信息。随着平面回波 EPI 等快成像技术发展和应用，DSC-MRI 成像技术也得到广泛的应用。

DSC-MRI 定量计算基于非自由扩散的示踪剂的动力学特性模型。简单来说每一个象素的核磁信号降低的程度与该象素中的造影剂浓度正相关，且也和动脉血液中初始输入的造影剂的浓度有关，而且两个浓度是随着时间变化的。当知道了组织中造影剂的浓度和动脉输入造影剂的浓度时，通过数学推算可以得到计算局部脑血容积，平均通过时间和脑血流。因为DSC-MRI测脑血流的方法具有比较容易实现，灵敏度较高、成像较快等优点，所以这种方法在临床上使用比较广泛。这种方法不足的是，很难测得造影剂在动脉和组织中浓度，所以很难得到定量的脑血流，通常只能得到半定量的值。这种方法也不是完全无损的，高剂量造影剂可能产生生物毒性。

20世纪90年代以后，人们发展了动脉血自旋标记(ASL)灌注磁成像方法。这种方法不需要引入示踪物，直接利用核磁技术标记动脉血中的质子作为标记物。在ASL方法中，动脉血中水分子的^{1}H自旋首次被饱和或者被绝热反转标记。经过标记的动脉血灌注脑组织，减小其中质子纵向磁化矢量，磁化矢量减小的程度由CBF决定。利用磁共振质子密度成像，这种减小能够通过测量标记和未标记(对照试验)的脑组织纵向磁化矢量来检测，接着通过适当的数学模型计算CBF。虽然一些技术还有待解决，但是这种方法已经能够无损、定量地测量CBF，且可能具有高的时间分辨率和空间分辨率，所以比以往的经典方法更有优势。

ASL按照标记方法又分为连续动脉自旋标记(continuous ASL，CASL)、脉冲动脉自旋标记(pulsed ASL，简称PASL)和速度选择性标记(velocity selective ASL，简称VS-ASL)。CASL方法使用长时间的射频脉冲(通常在秒量级)配合自旋标记磁场梯度，磁标记颈部的动脉血的水质子。而在PASL方法中，则使用相对短的RF(毫秒量级)，配合一个选片梯度用来标记流向感兴趣脑组织近端方向上的动脉血水质子的纵向磁化矢量。而VS-ASL则是对标记的自旋核没有空间位置的选择，采用一个标记脉冲和梯度脉冲链使得高于某一截至流速质子有效的散相，同时使得流速较低质子相位重聚。CASL存在着一个安全问题，由于使用长时间的射频脉冲，所以在CBF测量过程中存在高能量的沉积。故这种方法目前主要应用于动物的CBF测量，在人的脑血流测量中应用相对较少。PASL相对CASL方法定量性差，但是PASL方法的特性让它更适合于人体的研究工作。

四、磁共振细胞影像

传统的细胞水平的生物学研究主要依赖于组织化学的方法，虽然具有很高的检测灵敏度和特异性，但需要组织切片，所以只局限于离体检测。细胞影像(cellular imaging)是近年来伴随着影像学技术的发展而出现的一个新概念，它是指利用影像学的方法在活体(in vivo)条件下无创性地测量和表征细胞水平上的生物过程，包括细胞的增生、分化、迁移和聚集等。由于具有完全无创伤性和高空间分辨率等优点，磁共振成像是现有细胞影像方法中最重要的检测手段之一，而以超顺磁氧化铁微粒为探针的磁共振成像又是目前磁共振细胞影像中发展最快和应用最广的方法。这种方法的主要原理是通用细胞自身的吞噬/内吞作用或转染将超顺磁氧化铁微粒引入待观测细胞，对其进行磁标记。标记后的细胞本身可视为“探针”或“示踪剂”，利用相应的磁共振成像方法就可活体、动态地检测这些标记后的细胞在生物体内的活动情况。

单核-吞噬细胞(mononuclear phagocytic cells)系统主要包括血液中的单核细胞(monocyte)、体腔及组织中的巨噬细胞(macrophage)、肝脏中的Kuffer细胞以及脑组织中的小胶质细胞(microglia)等。单核-吞噬细胞系统共有的特性就是可通过吞饮及吞噬作用摄取进入组织的异物。一般来说，当超顺磁氧化铁微粒造影剂作为异物进入生物体后，就会被吞噬细胞识别并吞噬，这也使得吞有氧化铁纳米微粒的吞噬细胞被“磁标记”而成为探针。利用磁共振成像技术就可用来跟踪并检测这些吞噬细胞在体内的迁移与活动，进行细胞影像研究。

除了吞噬细胞外，一些非吞噬性细胞，如淋巴细胞和干细胞等，在免疫反应和组织修复过程中也能被超顺磁氧化铁微粒所标记。从而利用磁共振细胞影像技术就可在体、动态地观察这类细胞在生物体内时间和空间上的活动状况。在细胞分化过程中，细胞往往由于高度分化而完全丧失再分裂的能力，最终导致衰老和死亡。机体在发育过程中为了弥补这一不足，保留了一部分未分化的原始细胞，称之为干细胞(stem cell)；它是一类具有自我更新和分化潜能的细胞，一旦生理需要，就可按照发育途径通过分裂而产生分化细胞。祖细胞(neural progenitor)相对于干细胞而言，其分化能力和自我维持、自我更新能力受到限制，仅具有单向分化能力或仅能维持较短的时间。由于具有这种可继续分化的特点，干细胞和祖细胞移植被认为在治疗中枢神经系统和心脏疾病中具有很大的潜力，而在干/祖细胞移植治疗中，移植细胞的存活时间、能否从移植部位转移到疾病相关的中心处、是否分化、是否有功能等问题显得尤为重要，超顺磁氧化铁微粒能够标记各种干细胞和祖细胞，使目标细胞本身及其子代细胞成为探针，利用磁共振细胞影像技术可以动态示踪这些细胞的活动与功能，为活体研究干细胞和祖细胞移植治疗提供了新的方法与思路。

以用超顺磁氧化铁微粒为探针的磁共振细胞影像研究最主要困难点就是细胞的分化和迁移会逐渐降低标记细胞或子代细胞内的氧化铁微粒的含量，这将降低磁共振成像对这些细胞的检测灵敏度。为了更加持久地观测这些细胞的活动，必须提高细胞的标记效率与检测灵敏度。影响检测灵敏度的参数有很多，包括主磁场强度的高低，成像时空间分辨率的大小，回波时间的选择以及氧化铁微粒的种类等，通过优化这些参数就可以提高检测灵敏度。提高细胞标记效率的同时也必须考虑优化的问题。一方面，如果细胞对颗粒的摄取不足，随着细胞的分化或者转移，氧化铁颗粒的浓度将迅速下降，不利于细胞活动的动态、持续观测。另一方面，大量氧化铁微粒的摄入会导致细胞内铁浓度的增加，从而导致自由基的产生、细胞增殖能力降低甚至细胞死亡。因此，实验中需对标记条件的优化和氧化铁微粒的细胞毒性加以深入研究。

五、磁共振分子影像

目前常规的磁共振成像方法一般只能用于检测宏观的、表象的生物组织在形态与结构上的变化。而病理条件下，生物组织形态与结构的变化通常要滞后于微观的细胞水平和分子水平上的变化，往往在疾病的晚期才变得显著，所以一般来说常规的MRI技术在疾病的早期发现与诊断中作用有限。随着近年来纳米科技、超分子化学和材料科学的快速发展，人们开始研发一些新型磁共振成像分子探针，希望能通过这些造影剂来提高正常与病变部位的成像对比度，在分子水平上检测病理条件下生物组织的改变。磁共振分子影像技术也由此产生。所谓磁共振细胞影像是指利用MRI方法在生物活体中无损地检测和研究细胞生物细胞内的分子过程的技术。

磁共振波谱可以从分子水平直接观测到许多与生命过程有关的代谢物或化合物，而用化学位移成像的方法，就可以得到这些生物分子的在体内的分布，即像，并用它来反映生物体内的某些特定的分子过程。可以说，这种分子影像的方法是磁共振所特有的，也是最简单的一种分子影像的方法。更多的磁共振分子影像方法却是以生物体内的水分子为成像对象的，这主要是因为水是生物体内浓度最高的化合物，因而就成像的信噪比而言，水分子要远远优于其他分子。但在绝大多数情况下，水分子并不直接参与被观测的分子过程，这也就使得用水分子来表征被观测的分子过程只是一种间接的表征。在这种方法里，一般需要使用特殊的分子探针-

磁共振造影剂来联系需要观测的分子过程和所能观测到的水分子的核磁信号。这种方法中使用的分子探针通常具有双重作用。首先,它是一种分子探针,能直接参与被观测的生物体内的某一特定的分子过程;其次,它能通过其参与的分子过程和某种核磁的机制,改变水分子像的对比度,使得有待观测的分子过程能通过水分子像的对比度的变化而表示出来。改变水分子像的对比度可以通过改变水分子的核磁性质来实现,比如说改变水分子的 T_2,T_2 * 和 T_1 弛豫时间等。例如,超顺磁氧化铁微粒与具有生物靶向性的抗体或肽链耦联的复合物符合上述有关分子探针的两个必要条件,可用于磁共振分子影像。

大多数的磁共振分子影像技术,需要使用某种分子探针。在设计用于磁共振分子影像的分子探针时需要注意以下几个问题。第一,分子探针必须具有生物兼容性(bio-compatibility)。也就是说,分子探针在正常用量下必须对生物体没有显著的毒副作用。同时分子探针的引入,最好是也不会引起生物体排它性的免疫反应。否则,所观测的正常或对照生理状态下的生物分子过程可能会因为分子探针的引入而发生变化,从而使得研究工作失去本来的意义。第二,分子探针必须有特异性(specificity),也就是说所设计的分子探针要只表征或显示被观测的分子过程,而不显示其他的分子过程。这里面还有一个本底信号(signal background)的问题。因为分子影像所观测的往往是分子探针与生物体内某一目标(target)分子之间的相互作用,而不是分子探针本身,所以分子探针本身应该没有很强的本底信号。否则,分子探针与目标分子之间的相互作用会被本底信号所淹没,造成低的检测信噪比或低的对比度噪声比(contrast-to-noise ratio)。第三,分子探针的设计必须考虑到它在生物体内的输运过程。首先要考虑到的问题是如何将分子探针引入生物体内。其次,生物体内有许多其固有的屏障,如血-脑屏障(BBB,即 blood brain barrier)和细胞膜。所设计的分子探针必须要能通过这些屏障,到达研究者感兴趣的目标器官。比如说,如果研究者感兴趣的是大脑中的分子过程,分子探针就必须要能通过血-脑屏障,要能由血液输运到脑组织中去才会有用。第四,分子探针的设计必须考虑其在生物体内的半衰期。分子探针作为一种化合物,在生物体内可能会与一些体内固有的化合物发生反应而失去活性,也可能会通过生物体本身的新陈代谢而转化为其他的物质,还可能直接通过排泄系统排出体外。所以,在设计分子探针时,要考虑到它在体内的半衰期。分子探针的半衰期不能太短,否则会对实验检测带来困难。同时,它的半衰期也不能太长,否则就要有长期毒副作用的考虑,并且也会影响到多次重复测量的进行。以上这几点并不仅仅适用于核磁分子影像,而是对所有的分子影像技术均适用。最后,在设计用于核磁分子影像的分子探针时,必须要考虑到的一个重要问题是,它对磁共振成像对比度改变的强度。通俗地说,就是要考虑到检测灵敏度的问题。磁共振成像技术,相对于 PET 和核医学方法,灵敏度较低,所能探测到的分子浓度一般都在毫摩尔(mmol/g)到微摩尔(μmol/g)量级。所以,设计具有很高检测灵敏度的分子探针和发展新的核磁分子影像的方法,具有很重要的意义。基于以上几个方面的考虑,可以看到磁共振分子探针的设计和磁共振分子影像技术是一个跨学科(物理学、化学、计算科学、医药科学和生命科学等)、需要综合多方面考虑的系统工程。

六、超极化气体磁共振肺成像

因为水在人体中占有很大的比重,所以传统的磁共振成像(MRI)是通过对组织中质子(^{1}H)信号的检测,可以无损地获得人体诸多器官的内部影像。然而,在人的某些器官,例如肺部,因为水的含量不够高,导致传统的磁共振影像在这些部分探测信号的盲区,即得不到任何信号。根据美国国家卫生研究院(NIH)的报告显示,在过去的十年虽然肺部疾病的死亡率是排在第三位,但是相对其他疾病来说肺部疾病导致死亡率的增长是第一的。也就是说,人类已经渐渐找到控制和干扰其他疾病的一些方法,但对于肺部疾病,由于肺的空腔性特殊结构,给相应的医学影像技术的发展提出了很大的挑战。虽然 CT 或 X 射线能得到肺部结构影像,但是这些方法有放射性,其使用的高能粒子会杀死生物体中有免疫功能的白细胞。令人鼓舞的是,最近发展的超极化惰性气体的磁共振技术,打开了对肺部进行非侵入、无放射性地探测和诊断肺部疾病(如图 3-5、图 3-6)。

超极化惰性气体的磁共振技术利用了激光光泵技术,通过将激光光子的极化度转移到碱金属原子的电子,然后再将碱金属原子的电子极化度转移到惰性气体(^{3}He 或^{129}Xe)的原子核,从而能获得信号增强 10 000 倍的惰性气体,因此使得肺部气态 MRI 成为可能。由于惰性气体没有毒性,在一般情况下也不和人体产生化学反应,因此是一种安全的成像造影剂。目前,利用超极化惰性气体磁共振技术,美国等发达国家已经开始研究肺部疾病(如图 3-7、图 3-8),例如哮喘,肺气肿,慢性肺炎,肺肿瘤和肺癌。此项技术显示了,不仅能够分析诊断肺部的疾病模型,也能评价其治疗过程;更为关键的是,超极化惰性气体磁共振技术能够得到目前其他影像技术不能得到的生理和病理信息,例如肺部各个部分的氧气含量,肺部气流的交换速率等。

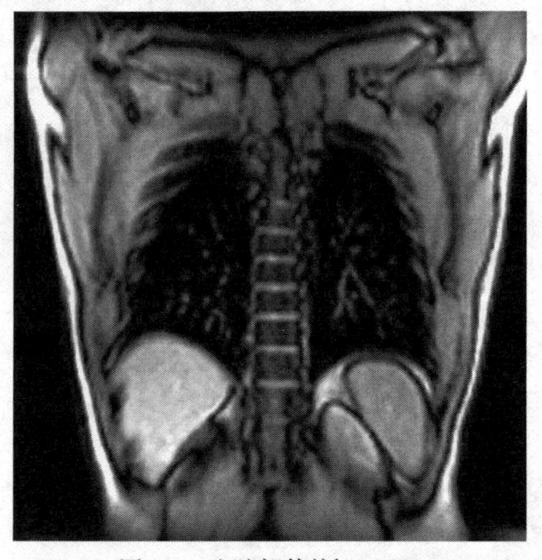

图 3-5　人肺部传统^{1}H MRI

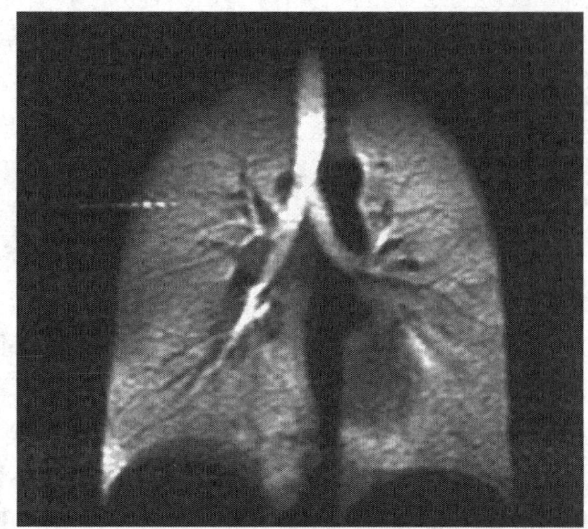

图 3-6　人肺部超极化^{3}He MRI

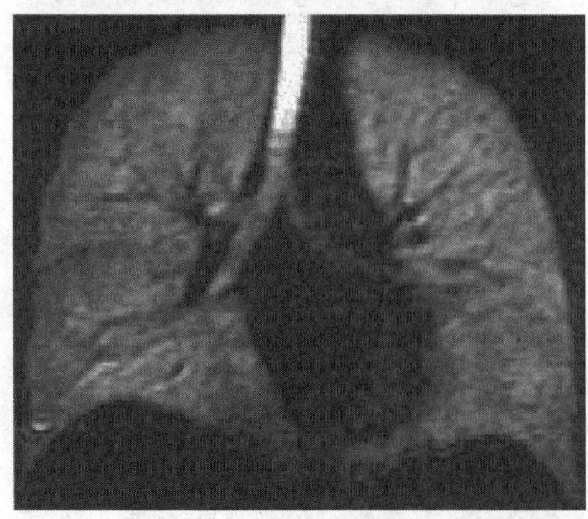

图 3-7　健康人肺部超极化^{3}He MRI

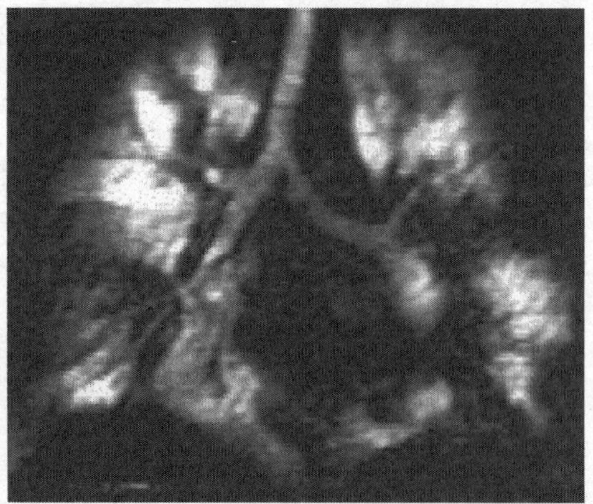

图 3-8　哮喘患者肺部超极化^{3}He MRI

综上所述，目前传统的磁共振方法不能对肺部疾病进行诊断，为了提高公众健康水平，发展超极化惰性气体的磁共振技术是重大的公益性科技问题，不仅完善医学影像的诊断技术，而且能够支撑我国公共医疗卫生事业的可持续发展。

七、磁共振力显微成像

1991 年，美国华盛顿大学医学院整形外科的 Sidles 教授根据临床分子检测困难和药物设计的需要首次提出了磁共振力显微镜（MRFM）的概念。MRFM 将扫描探针显微术（SPM）和磁共振成像（MRI）的工作原理相结合，既有扫描探针显微术的平面扫描分辨率，又有磁共振成像（MRI）的深度分辨功能，从而达到纳米级的空间三维分辨率。MRFM 用激光光纤干涉仪测量带有微磁体的高灵敏微悬臂感知的一定区域内的电子自旋或核自旋，即满足微波-自旋共振条件 $B_{res}=f_{res}/$的共振区（即共振切片）中电子自旋或核自旋的相互作用力；由于磁共振切片的大小与磁场梯度有关，磁场梯度越大共振切片越小；因此，使用高磁场梯度的微磁体可以减小共振切片的厚度，提高 MRFM 的空间分辨率。同时，由于MRFM 只对共振切片内的自旋敏感，所以可以通过改变共振切片的空间位置实现对样品表面以下不同深度的非破坏性成像。因此 MRFM 具有非破坏性的、立体的结构分辨能力。如果微悬臂测力灵敏度和微磁体磁场梯度足够高，MRFM 可以实现对氢原子（质子）纳米分辨的空间成像，也就是可以实现对生物大分子的单分子成像或分子的立体结构测量。这正是 MRFM所追求的最终目标。

自 1991 年首次提出了 MRFM 的概念，同年实现了原理性工作，而且在 3D 测量上得到了理论上的完善。随着 MRFM 的灵敏度与分辨率逐年提高，2004 年成功测量到单电子自旋。尽管实现了测量单电子自旋，但单核自旋的测量目前还是困难的，这是因为核自旋磁矩比电子自旋的磁矩小三个数量级。2007 年利用核自旋的 MRFM 成功实现了 90 纳米的分辨率。2008 年 IBM 的研究人员利用特殊设计的纳米磁体阵列，进一步提高 MRFM 的灵敏度与三维图像重建技术结合再次实现了 MRFM 技术的突破，完成了烟草花叶病毒蛋白的纳米尺度三维磁共振成像测量，自此 MRFM 也被称为纳米尺度的 MRI，并成为当年备受瞩目的重大科技进展。另外 MRFM 在材料科学上也显示了其非凡的利用核自旋的元素识别与纳米分辨的能力，为纳米材料、半导体材料、高分子膜和生物膜研究提供了强大的技术支撑。

MRFM 可以测控电子自旋和核自旋，因此可以解决两大科学难题：蛋白质结构测量（即单分子水平上的三维立体结构成像）和单电子自旋测控，这也与我国“重大科学研究计划”项目中的“量子调控”和“蛋白质研究”紧密相关。单电子自旋的测量和控制是当今物理学的前沿课题之一，也是未来量子信息处理的核心问题之一。MRFM 不仅可以实现对单电子自旋的探测，而且可以实现对单电子自旋控制。对于生物大分子来说，目前只能靠核磁共振和 X 射线衍射给出分子的结构和构型的平均结果，在单分子水平研究其立体结构十分困难。对单个分子进行立体成像是化学家和生物学家梦寐以求的工具，分子成像对于在分子水平研究生命现象和疾病问题十分重要。尽管 MRFM 要达到单核自旋或亚纳米分辨是富有挑战的科技前沿课题，但是就目前达到的水平（10nm）而言，已经可以为阐明生物分子结构提供非常有力的帮助了。

第四章

生物光学成像方法及进展

第一节　激光扫描共聚焦显微成像

激光扫描共聚焦显微镜(laser scanning confocal microscope, LSCM)是光学显微镜与激光、高性能计算机和数字图像处理软件相结合的新型高精度显微成像系统。它是在普通的荧光显微镜成像基础上加装了激光扫描装置,结合利用计算机的图像处理技术,使用紫外或可见激光激发荧光探针,得到细胞或组织内部细微结构的荧光图像。激光扫描共聚焦显微镜克服了普通偏轴镜扫描时由于色差造成的低分辨率的弱点,采用无色差扫描技术,使光学成像的分辨率提高了 30%～40%,并能生成三维图像。

自从激光扫描共聚焦显微术问世以来,它给传统的显微镜领域带来了革新,为生物医学研究提供了有力的工具。目前该技术已用于细胞形态定位、立体结构重组、动态变化过程研究等,并能提供定量荧光测定、定量图像分析等实用研究手段,结合其他相关生物技术,在形态学、生理学、免疫学、遗传学等分子细胞生物学领域得到广泛应用。

工 作 原 理

激光扫描共聚焦显微镜是一项新技术,是经过几十年的不断改进才逐渐发展起来的。1957 年,Marvin Minsky 在他的美国专利上首次阐明了扫描共聚焦显微镜技术的某些基本原理。由于当时没有合适的光源,Minsky 的仪器产生的图像质量不太好,因此没有引起人们对共聚焦显微镜的兴趣。十年后,Egger 和 Patran 第一次成功地用共聚焦显微镜产生了一个光学横截面,他们所用的共聚焦显微镜的核心是 Nipkon 盘,此盘位于光源和针孔之后,并且从盘射出的光束以连续的光点在盘旋转时照在物体上。由于 Nipkon 盘在设计中同样受到技术不完善的干扰,也没有获得太大成功。随着计算机、激光和图像处理技术的飞速发展,在 1985 年,Wijnaedts Van Resaint 第一次成功地获得了用荧光探针标记的生物材料的光学截面,充分证明共聚焦荧光显微镜具有摈弃离焦光线,获取生物样品的三维(3D)数据的能力。在接着的两年之内,Oxfordshire 公司,也就是现在的 Bio-Rad 公司生产出第一台商业的激光扫描共聚焦显微镜。

(一) 激光扫描共聚焦显微镜的基本原理及特点

我们先以反射式荧光扫描共聚焦显微镜为例,简要说明扫描共聚焦显微镜的基本原理。如图 4-1 所示,激发光经过照明针孔形成点光源,通过激发滤光片(没有显示),被色光分离滤光片反射,又被显微物镜聚焦到 3D 样品内,并在垂直于光轴的 xy 平面(焦平面)上扫描。焦平面和焦平面上下被照射的区域所发出的荧光又被物镜收集,通过色光分离滤光片和发射滤光片(没有显示)。由于照明针孔和探测针孔相对于物镜焦平面是共轭的,只有焦平面发出的荧光(以——表示)能聚焦于共焦针孔并通过针孔到达探测器 PMT 或 CCD,焦平面下(以——表示)和焦平面上(以………表示)的点不能在探测针孔处成像,所以焦平面以外发出的光都被针孔挡住了,对共焦图像贡献很小。这样得到的共聚焦图像是标本的光学横截面(被焦平面切割的断层)。如果逐步调节样品 z 轴(光轴)位置,可产生样品的多幅断层图像,细胞或组织各个横截面的图像都能清楚的显示。这种成像方法称为共焦扫描显微镜层析成像方法,通过三维重建技术,则能得到样品的三维立体图像。如果在成像系统中移去共焦针孔,那么离焦的光线也到达探测器,深度方向的分辨率就大大降低了,那么非共焦的光显微镜就和普通的显微镜没有多大差别。

激光扫描共聚焦显微镜与一般的光显微镜相比较有如下特点:

第一,扫描共焦显微镜比常规的光学显微镜的散射背景小,图像反差好,显像灵敏度高,成像质量好。特别对生物样品,如观察大脑组织中神经细胞之间的细微联系,用常规光学显微镜观察时,使用场光源照明,如图 4-2a,当照明光束照射整个样品时,在成像系统景深以外的样品构成离焦图像叠加在景深断层以内的有效散射光图像上,使成像系统不可能获得清晰的有效图像。在扫描共焦显微镜中,图 4-2b,通过一个点象元一个点象元扫描成像,横向与正在扫描象点对应物点以外没有照明光,因而没有散射光会叠加在扫描象元上。在样品的扫描光束景深断层上、下被扫描锥光束照明部位的散射光,即离焦部位的散射光,绝大部分可被探测器前的针孔挡掉。焦点上的照度比离焦部位明显地高,因而共焦扫描成像的图像信噪比特别好。

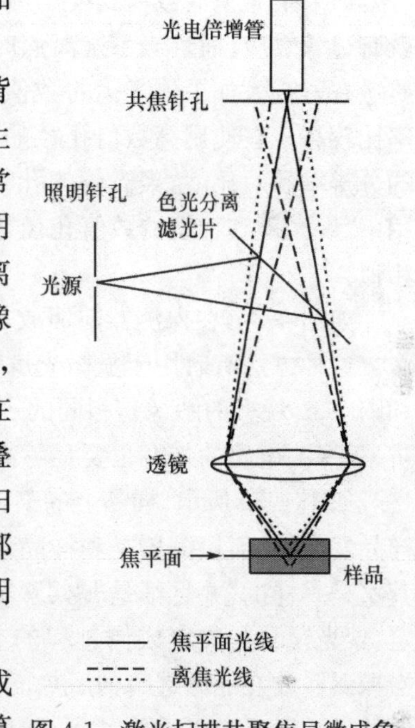

图 4-1　激光扫描共聚焦显微成像系统结构图

第二,可进行三维扫描成像,是一种特殊的光学层析成像方法,完全不同于一般计算机层析成像方法。它用计算机控制对体样品进行分断层、逐行、逐点完成三维扫描,同时采集图像数据存入计算机存储系统。根据需要由计算机图像系统显示任选的二维断层图像或三维透视图。

第三,采用激光光源,成像系统色差小,可比较方便地改造成荧光扫描共焦显微镜。扫描共焦显微镜要求光源尺度小、亮度高,采用激光光源是最佳选择。大数值孔径、高放大倍数的显微物镜均不可避免地存在残留色差,用激光光源可以提高光学系统的分辨能力。

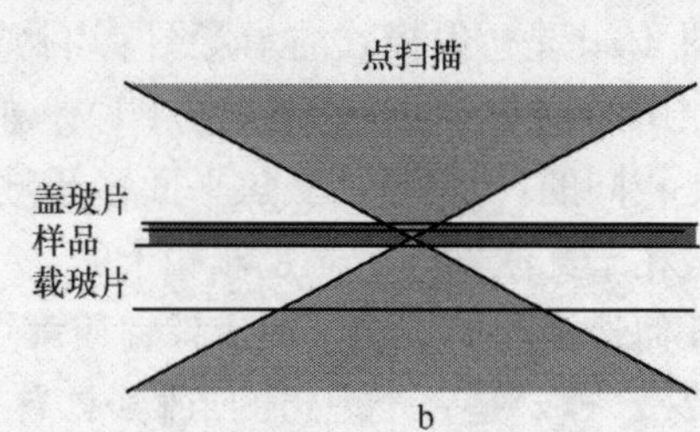

图 4-2　扫描共焦成像提高分辨率的原理示意图

a. 场光源照明;b. 点扫描

1. 成像基本原理及特点 一般显微镜的成像，如图 4-3a 所示。一个大面积的非相干光源发出的光由一个聚光镜会聚到样品上，样品有相当大的面积被照明，透过样品的光充满了物镜的视场，这种方式也称全场照明。样品上被照明的每一点发出的光经透过物镜形成图像。在实际的显微镜装置中，这个图像由目镜放大。在整个系统中，物镜是很关键的，它既要形成图像又决定图像的分辨率。而聚光镜只起着决定系统分辨率的作用。

聚光镜的孔径决定着全成像过程的空间相干态，可以是相干的，也可以是非相干的。聚光镜的像差并不重要，所以光源和聚光镜可以简单的看成是一个部分相干光源。在广泛应用的 Köhler 照明装置中，样品平面是和视野光阑而不是和光源共轭。

如果聚光镜的数值孔径与物镜的相比比较小，那么就是相干成像。相干成像时，图像就有边缘效应，而且当系统离焦时，物镜的相位信息（由光学厚度的变化引起）也对图像的质量有影响。如果聚光镜的数值孔径与物镜的相比比较大，就是非相干成像，图像的分辨率比较高。在使用高数值孔径的物镜时，成像不是完全非相干的，因为为了同时获得较好的分辨率和对比度，聚光镜的孔径光阑会调到合适的大小，此时是部分相干成像。实际应用中，聚光镜和物镜的数值孔径是相等的，尽管也是部分相干成像，但是效果和非相干成像相似。

如图 4-3b，在探测器前面放一个小孔，探测器就可以逐点地获得普通显微镜的全场图像。这种方法有时用于显微光度量。如果小孔是可以扫描的，探测器的输出就是 2D 图像，和图 4-3a 观察的图像是相同的。值得注意的是，孔径尺寸虽然很小，但不能降低图像的分辨率；探测电路的带宽也要足够高，使变化的信号全部通过。

如图 4-3c 所示，样品上的某一点被聚焦的点光源照明，有一个大面积的探测器收集从样品发出的光，探测器是和样品共轭的。由光路可逆原理可看出，图 4-3b 和图 4-3c 的光路其实是一样的，并且都是非共焦成像。扫描光显微镜图 4-3c 系统的分辨率主要由物镜决定，聚光镜只是决定成像过程的空间相干态。和临界照明类似，这种情况叫做临界探测。当探测器放在成像透镜的后焦面上时，就叫做 Köhler 探测，这种探测方法的好处就是探测器的灵敏度不是很重要，探测器和聚光镜可以等效为一个探测器。

由图 4-3b 和图 4-3c，我们可以得到图 4-3d，是共焦透射单光束扫描光显微镜的示意图。点光源照在样品很小的区域上，共焦点探测器也同时探测照明区域发出的光。如果点光源和探测器同步扫描，将会产生二维图像。这个成像系统和前面的那些都不同，在一个非扫描的系统中，不论把探测器和成像针孔放在哪个平面，都不能产生共焦图像。由图 4-3d 的对称性看出这两个透镜同等地参与成像过程，改善了系统的分辨率。透射共焦系统也是相干成像系统，但与普通的相干显微镜相比，具有更锐利的点扩散函数。

图 4-3d 是透射模式的示意图，实际应用中，很多共焦系统是工作在反射模式下的，照明和探测用的都是同一个物镜（图 4-1）。如果把样品放在焦面上，共焦透射和反射系统可以看成是相同的，一旦样品从焦平面移开，这两种模式就很不同了。图 4-3d 可用于荧光成像，并且被相干光激发的荧光是非相干的，所以成像总是非相干的。

任何透镜和成像系统的成像性质都可以由 3D 点扩散函数（PSF），也就是来 $I(x,y,z)$ 描述，$I(x,y,z)$ 是一个理想的点物（具有一定的强度，但是没有大小）经系统成像后的三维强度。对于一般的荧光显微镜，系统成像由成像物镜的 PSF 决定，而共焦扫描显微镜的成像由照明和成像透镜[分别是图 4-3d 的物镜和聚光镜]的 PSF 决定。共焦显微镜中的两个透镜在成像过程中占有同等重要的地位，前一个透镜把光源在样品上会聚到一点，从样品这一点发出的光又被后一个透镜会聚到共焦针孔。因此，共焦系统的PSF是这两个透镜的PSF的乘积。可对于图4-1这样的反射共焦共焦成像装置，光的照明和收集都由同一个透镜完成，那么系统的PSF就是这个透镜PSF的平方。

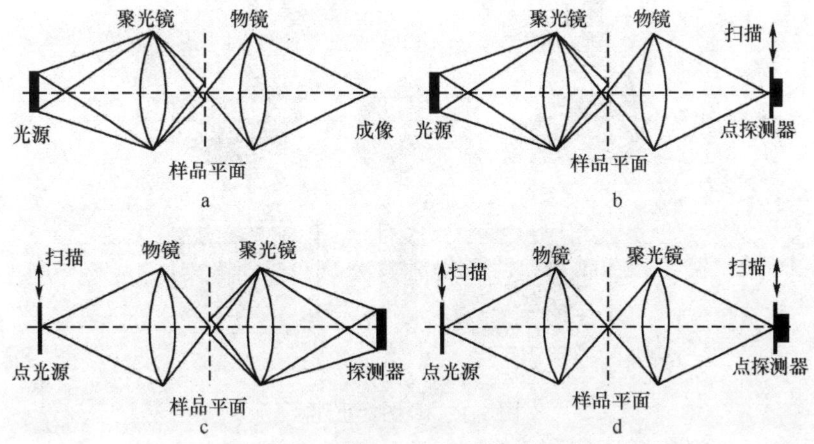

图4-3 透射显微镜成像示意图

a. 临界照明条件下的普通光显微镜；b与a相同，只是逐点生成图像；c. 单点扫描光显微镜；d. 共焦显微镜

共焦扫描光显微镜的成像特点还体现在纵向扫描和垂直截面上。第一，在进行连续 xy 扫描的同时，改变焦平面在样品内的位置，也就是进行纵向 z 扫描，可以获得不同层面的信息，继而构造出样品的3D图像。第二，在 z 轴方向，信号最强的位置应该是在焦平面，所以进行纵向扫描获得的数据就可以构造样品垂直截面的图像。对于生物学家来说，垂直截面可能是扫描光显微镜最新颖、最有用的成像模式。在 xy 平面进行扫描，可以产生垂直于显微镜光轴的光截面。在 xz 平面扫描可以产生平行于显微镜光轴的光截面。如果选择条形结构（比如肌纤维或晶胚）的物体，让他们的轴垂直于显微镜的光轴放置在载玻片上，就能获得较好的横向光截面。对于分化型上皮细胞这样垂直偏振的物体，能得到横向和纵向光截面。在实际操作中，为了实现 z 方向的扫描，可以在显微镜的聚焦手轮上安装一个马达或者在显微镜的载物台和样品之间使用一个 z 方向的压电陶瓷。原则上讲，xy 扫描和 z 扫描同时进行，可以得到任意角度的倾斜截面。不管是 xz 截面还是倾斜截面都要从复杂的 xyz 数字图像中取样，都要改变 z 值获得 xy 截面的序列。

2. 三维成像 共焦系统中样品被一个点光源照射成像。在实际应用中为了得到完整的样品结构信息，则必须使入射光点在垂直于显微镜光轴的焦平面（xy 平面）上，沿样品逐点或逐线扫描扫描，将每点扫描的图像信息经计算机采集、储存、处理、转换后合成一定大小的二维图像，这就是扫描的基本原理。所得的二维图像实际上是样品在在微小厚度内的平面"切片"图像。如果我们沿显微镜光轴（z 轴）方向以一定的间距扫描出不同 z 轴位置的多幅 xy 平面图像，获得标本真正意义上的三维数据，经计算机图像处理及三维重建软件，得到其三维立体结构，并且可以沿 x、y 和 z 轴或其他任意角度来观察标本的外形及剖面，从而能十分灵活、直观地进行形态学观察（如图4-4），并且揭示亚细胞结构的空间关系。并且，我们还可以按研究需要组合各种扫描方式，如 xz、xt（时间变化）或 x、y 点扫描等，以便得到完整的活的或固定的细胞及组织的连续变化的信息。

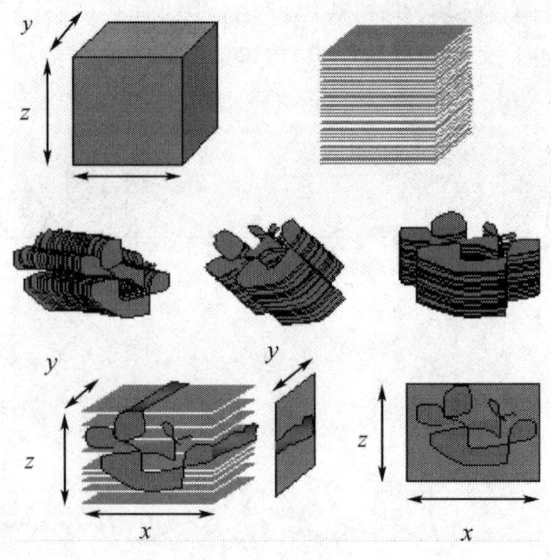

图 4-4　3D图像重建

(二) 系统组成与结构

图 4-5 为激光扫描共聚焦显微镜的原理结构图，主要由激光光源、扫描装置、显微镜、光电信号探测器、计算机控制设备，数据采集、处理、转换及相应应用软件，图形输出设备及光学装置(包括各种光学滤光片，分光器，共聚焦针孔及相应控制系统)等设备组成。

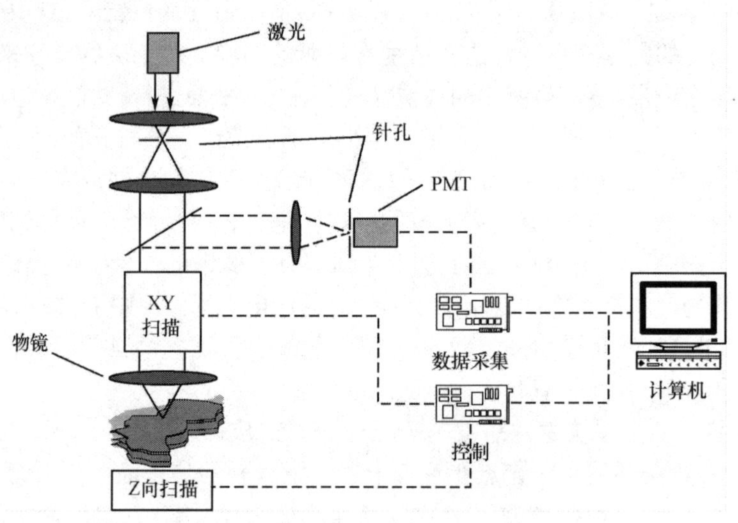

图 4-5　激光扫描共聚焦显微镜的原理结构图

1. 激光光源　因为激光具有高度单色性、发散小、亮度高、高度的空间和时间相干性、平面偏振激发等独特的优点，与其他电磁辐射的激发光源相比，激光已成为目前扫描共聚焦显微镜中最理想的光源。

单色性强指波长范围很窄。如一种稳频的氦氖气体混合激光器发出的波长 $\lambda=632.8\text{nm}$ 的激光，其谱线宽度可达 $\Delta\lambda<10^{-8}\text{nm}$；方向性强指从激光器部分发射镜发射出的激光束，基本上是沿着垂直镜面方向传播，发射角仅为毫弧度数量级，这种特性完全适合于微区和微量分析，对于激光扫描共聚焦显微镜是非常合适的；高亮度是因为激光器将有限

的能量在空间和时间上高度集中起来的结果；相干性好是由于激光是受激辐射产生，各发光中心是相关的。

对于激光共聚焦显微镜，其激光光源的强度、波长和光束位置的稳定性是非常重要的。激光光源的变化，激光腔内热偏移等因素均能产生激光的高频噪声和功率偏移。目前一般采用激光管电流稳定法和恒定功率输出的方法来稳定连续式激光的强度。激光束位置的偏移则可由声光调制器（AOM 或 AOD）来控制和调整，也可用此装置来调整激光强度。由于一般激光器的效率较低，其激励能源很大一部分被转化为热量，所以为避免激光工作介质过热而损坏，特别是对于连续式激光器必须配备以风冷或水冷系统进行冷却，同时还要避免因风机内流或水流对整个激光扫描共聚焦显微镜系统产生震动而影响到成像质量。

目前，用于激光扫描共聚焦显微镜中比较广泛的激光器如表 4-1 所示。

表 4-1 激光扫描共聚焦显微镜中常用的激光器

波长(nm)	功率(mW)	激光器类型
325	10～30	氦镉(He-Cd)激光
351	300	带紫外的水冷式氩离子激光
364	＞20	风冷氩离子激光
442	11	氦镉(He-Cd)激光
457～514.1	25	小型氩离子激光
543.5	1.25	绿氦氖(He-Ne)激光
630	33	外谐振器半导体激光
630	3	碰撞脉冲染料激光
632.8	3.5	氦氖(He-Ne)激光
700～1100	2000	蓝宝石激光

2. 扫描和检测装置 目前，应用在激光扫描共聚焦显微镜中的扫描装置主要有两种方法：光束扫描和台阶扫描。下面分别介绍一下它们的原理。

(1) 光束扫描：这是使用最广泛的方式，如图 4-6、图 4-7 所示。工作时样品保持不动，通过一个检流计控制镜子方向变化运动。通过两个镜子摆动，相应的在 x、y 方向上，使得光束可以按照要求对样品进行点扫描和现扫描。这种方式与其他方式相比，速度很快，在生物活体的实验研究方面具有无可比拟的优越性。但由于光束会对物镜造成偏轴扫描，光学质量受到影响，照射区域受限制，信号强度和分辨率减低。

(2) 台阶扫描：这是出现比较早的扫描方式。原理是这样的：样品相对于光束作移动，一般是以一套由计算机控制的可微调步距地步进电机系统驱动载物台按扫描要求做 X 轴和 Y 轴方向移动，而光束沿显微镜光轴在镜头中心保持固定。这就使得对样品各点进行扫描时，具有无相差的光学特性，简化了最优色、相差校正设计和光路调整，而且信号总是处于最强状态，分辨率大大提高，特别是在扫描小样品时相对于其他扫描方式尤为突出。即使是在高放大倍数图像时，也能以相同质量扫描整个样品，定量采样时重复性好，观察范围不受目镜视野范围的限制，具有提供高质量图像的潜能。其弱点是扫描时间长，不利于实时观察。

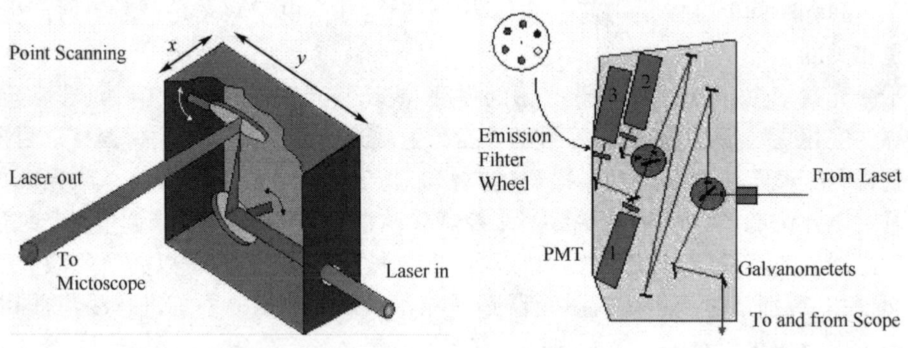

图 4-6　光束扫描方式　　　　图 4-7　激光共聚焦显微镜的扫描箱

现在激光扫描共聚焦显微镜中使用比较多的检测器有光电倍增管(PMT)和电感耦合器件(CCD)。它们将接受到的光电信号转换成电信号后被采集卡采集到计算机进行图像处理。下面分别介绍 PMT 和 CCD。

PMT:一般 PMT 的量子效率较低,所以在 PMT 地生产工艺上尽量减少透射和反射的损失,如以不同的介质制作 PMT 窗,使光以一定角度入射后在窗内部产生二次反射回到光阴极层,就可以显著改善 PMT 的 QE。另一方面,现在一般都将 PMT 的信号转换成数字信号作处理,可提高 QE。PMT 的案电流较低,虽然在倍增噪声方面可能较高,达 15%～30%,但通过后极的脉冲计数技术或相对增加计算时间便可抑制噪声。所以 PMT 是在激光扫描共聚焦显微镜中应用最为普遍地检测器。PMT 的缺点是受温度的影响较大。但是在激光共聚焦显微镜中的荧光信号的幅度变化还不至于引起 PMT 温度的较大变化。

CCD:在实际应用中最佳的检测器件。CCD 的 QE 值可高达 10%～80%,在一些特别波段,甚至可达 10%～100%,灵敏度极高。动态范围大,可达 10^5～10^6 级,适合激光共聚焦显微镜的亮度范围。线性度高,为以后的图像处理提供了最优条件。结合双向扫描,CCD 的使用还确保了图像的高几何保真度。但是它的缺点是噪声较高。要使其噪声下降到可接受水平,则需要很低的温度,所以现在一般都要使用制冷 CCD。

检测器的性能与图像质量有直接的关系,但在激光扫描共聚焦显微镜的实际应用中,有许多因素会直接影响 PMT 输出信号。比如:激光功率,温度效应,检测器增益,稳压电路的稳定度,透射的特殊波长及所用的中性及其他滤光片,镜头的 NA 及其他光学器件的透射等等。所以激光扫描共聚焦显微镜能否形成一幅好的图像,需要众多装置及其相互因素的相互作用。

3. 计算机控制及图形处理　在一套激光扫描共聚焦显微镜系统中,光源照射的方向、强度、时间,扫描的方式,光学器件如滤光片轮转换,检测器增益,共聚焦针孔孔径的转换以及检测信号放大、采集、转换、处理直至成像、输出等一系列复杂工作,只有计算机才能协调并控制去完成。计算机在激光扫描共聚焦显微镜系统中相当于大脑的作用,因此对计算机的要求非常高。以 BIO-RAD 公司的 MRC 1024 为例,采用 DELL PowerEdge 2300/450 机型,CPU 为双 450M 奔腾 PentiumII,RAM 为 256M,硬盘为 SCSI 接口,容量为 10G,显示器使用 Sony 公司的 MultiScan 520GS。因为图像信息量大,采集速度快,为了使图形数据快速保存下来,采用了快速的 SCSI 接口硬盘,同时还配备了光盘刻录机,把大容量的数据保存到光盘中。在这套系统中使用 BIO-RAD 公司的 LaserSharp 软件可对硬件进行控制和作一些图形处理。

(三) 生物医学应用

自从激光扫描共聚焦显微镜问世以来,在生物、医学领域和工业应用中已经进行了大量的研究工作,其先进性在生物医学研究方面表现尤为突出。下文将从生物医学的几个方面对这些研究工作做简要介绍。

1. 细胞 Ca^{2+} 的研究 激光扫描共聚焦显微镜(LSCM)可动态观察荧光探针标记的细胞内(Ca^{2+})的时间和空间的荧光图像变化,还可观察细胞某一层面或局部的(Ca^{2+})荧光图像和变化。荧光图像经光电倍增管(PMT)和冷电耦合器件摄像机(CCD),以数字方式输到计算机,计算出细胞或某一区域 Ca^{2+} 信号的时间和空间变化。激光扫描共聚焦显微镜可对培养细胞和固定的组织切片进行各种参数的检测,且快速准确、自动化程度高,是研究细胞内 Ca^{2+} 及其他参数的理想工具。

Ca^{2+} 作为细胞内重要的第二信使,对它的研究是当今生命科学研究领域的一大热点。在 LSCM 出现之前,对 Ca^{2+} 的研究大都是通过死细胞进行的,所以无法对细胞内的 Ca^{2+} 信号进行动态观察,而 Ca^{2+} 信号的动态变化是反映细胞生理过程及生理变化的重要信息。利用死细胞进行研究,就无法对同一个细胞或同一组细胞的不同生长阶段进行观察,缺乏对比性,也大大降低了可信度,并给研究工作带来了困难。而 LSCM 技术从根本上解决了这个问题,利用 LSCM 观察活细胞 Ca^{2+} 动态变化可以并且已经获得了大量信息。到目前为止,此项技术应用于动物细胞的研究居多。通过对单细胞的 Ca^{2+} 研究发现,Ca^{2+} 不仅在细胞局部区域间的分布是不均匀的,而且细胞内各局部区域的不同深度或层次间也存在不同程度的 Ca^{2+} 梯差即所谓空间 Ca^{2+} 梯差。细胞在受到外界刺激时,Ca^{2+} 荧光信号强度会发生很大的变化,随着刺激时间的增长,即使刺激物继续存在,细胞 Ca^{2+} 荧光信号不但不会继续增强,反而会慢慢减弱,直至回复到未加刺激物时的水平。图 4-8 说明了 HeLa 细胞受 Histamine 刺激时细胞内 Ca^{2+} 的变化过程。对于细胞受精过程中 Ca^{2+} 荧光信号的变化情况,也已经有人做过研究。研究发现,配子在黏着过程中,Ca^{2+} 荧光信号未发生任何变化,

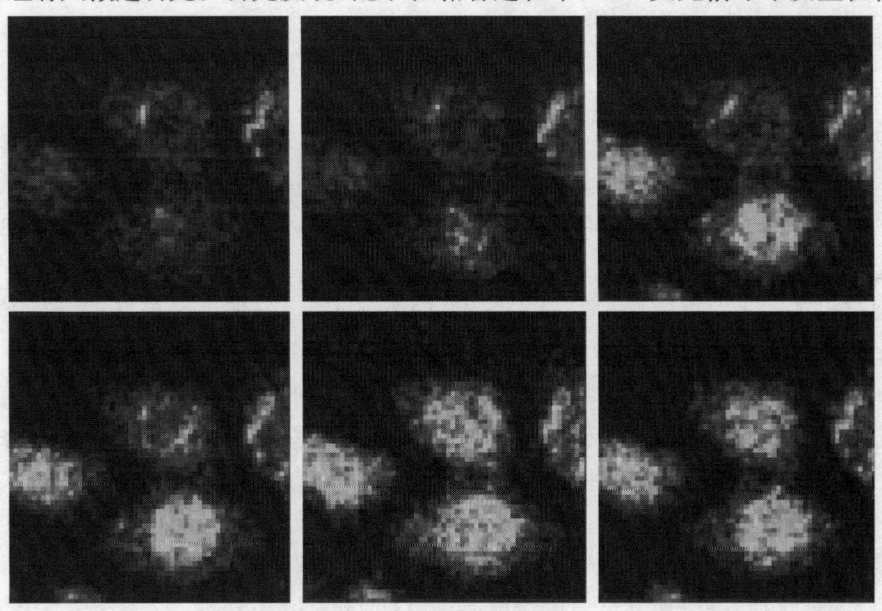

图 4-8 HeLa 细胞受 Histamine 刺激时细胞内 Ca^{2+} 的变化

而配子之间发生熔合作用时，Ca^{2+} 荧光信号强度却会出现一个不稳定的峰值，并可持续几分钟。这些现象，对研究受精引发的早期信号及 Ca^{2+} 在卵细胞激活和受精卵的发育过程中的作用具有重要意义。在其他一些生理过程如细胞分裂、胞吐作用等，Ca^{2+} 荧光信号强度也会发生很显著的变化。

Ca^{2+} 是重要的第二信使，对于调节细胞的生理反应具有重要作用，开发和利用 LSCM 技术对 Ca^{2+} 荧光信号进行观测，可以从某些方面对有机体或细胞的生理变化机制进行分析，具有重要意义。

2. 细胞骨架的研究 细胞骨架对维持细胞形态、细胞分裂等生命活动有着重要的作用。它保证细胞功能的重要细胞组分，对于细的各种运动，如有丝分裂、物质运输、细胞器的空间分布等有着重要的作用。细胞骨架的研究一直是细胞生物学的重要发展领域。细胞内的骨架主要由微管和微丝组成，微管广泛存在于真核细胞中，是细胞骨架的主要组分，利用 LSCM 可观察到微管和微丝的具体形态。构成微管的主要成分为微管蛋白(tubulin)，因此对于细胞骨架的研究，通常是利用免疫荧光细胞技术，即根据抗原抗体反应的原理，将已知的抗原或抗体标记上荧光素，再用这种荧光抗体(或抗原)作为探针检查细胞或组织内的相应抗原(或抗体)位置和分布的技术，该技术具有特异性、快速性以及细胞水平物质定位的敏感性与准确性，因此在免疫学、病理学等生物学研究方面得到广泛的应用。近年来，人们利用 Tubulin 或其他一些相关蛋白的特异性荧光抗体，通过激光扫描共聚焦显微镜的观察，可以深刻了解高等植物中微管的组织行为及空间定位，为细胞动力学研究提供很好的证据。当然，利用微管蛋白，人们还可以对微管组织中心(microtubule organizing center, MTOC)有一个更深刻的了解。1995 年 Afshar 等人研究了果蝇基因编码的一种类似驱动蛋白的蛋白，据说该蛋白可以推动雌性减数分裂染色体向中期板。实验证明，nod 蛋白的 nonmotor 区介导其 DNA 的直接结合；使用针对 nod 蛋白免疫抗体分析表明，在前中期 nod 蛋白附着在卵细胞染色体上，而非限制在染色体某一特殊部位或着丝粒部位。因此来说，以动力为基础的微管和染色体间的相互作用并非限制在着丝点，而是沿着染色体臂相互作用，这为向极动力提供了分子解释。

3. 生物芯片技术的应用 生物芯片技术是随着人类基因组计划的实施应运而生的。生物芯片又称 DNA 芯片、DNA 微探针阵列、基因芯片等。生物芯片的技术核心是制备生物芯片及反应信号的检测。该技术系指将大量探针分子固定于基片表面形成二维探针阵列进而与标记的样品分子杂交，通过检测各探针分子的杂交信号强度，获取待测样品所含的信息。生物芯片技术的诞生是探针固相原位合成术、照相平板印刷术以及激光扫描共聚焦显微镜技术的有机结合与应用。目前，生物芯片的显色和分析测定方法主要为荧光法，这就需要借助于激光共聚焦显微镜扫描技术(检测灵敏度、分辨率均较高)，对高密度探针阵列每个位点的荧光强度进行实时、灵敏、准确的检测和定量分析。由于探针与样品间准确配对所产生的荧光信号强度为具有个别错配碱基探针的 5～35 倍，可见对荧光信号强度精确测定是实现检测特异性的基础。但荧光测量法的问题是，只要标记的样品结合到探针阵列上后就会发出阳性信号，这种结合是否为正常配对，或正常配对与错配兼而有之，该方法本身并不能提供足够的信息进行分辨。生物芯片技术被美国科学促进会列为 1998 年度自然科学领域十大进展之一，这一时代宠儿正被应用到生物科学研究的各个领域。由于该技术可以同时、快速、准确地分析大量遗传信息，目前主要应用到基因表达检测、突变检测、基因组多态性分析和基因文库作图以及杂交测序等方面。

4. 激光显微操作的综合应用 激光光镊是利用高斯激光光束的梯度力对生物细胞等进行捕获、移动等操作的装置。1986 年,美国贝尔实验室科学家 A. Ashkin 首先将光镊应用于生命科学研究,由于激光光镊可以无损伤地操纵生物粒子,使得活体的研究呈现出希望。目前,光镊已被应用于生物物理及生物技术的各个领域。另外,激光光刀是进行激光显微外科手术的重要手段,该技术利用激光微束对生物进行适当的操作,比如:动植物外源基因的转化、染色体切割、细胞膜打孔技术等。LSCM 以及激光光镊都是利用普通光学显微镜实现其功能,这就为二者的结合应用提供了契机。许多共焦显微镜是通过移动光束来实现其扫描操作,样品保持相对静止,因此,可以实现共焦显微成象和激光光镊的相对独立,同时进行两种操作。Isscher 等人研制了一套包含光学陷阱和共聚焦显微镜的装置,该装置集显微镜的三维成像能力和单光束光阱的三维操作功能于一体。此系统中,成像和束缚微粒的光路是完全分开的,两者独立工作。两者的结合能非常有效地在三维上控制陷阱的位置,实验证明,该系统能实际控制并在 X、Y 和 Z 方向移动微米尺寸的聚苯乙烯小球(1～7μm)和酵母细胞。美国激光微束和医疗研究项目(laser microbeam and medical program, LAMMP)近年来致力于发展即适合光学操作,又有利于活体组织或细胞结构再现等研究的光学装置。现已成功研制出共聚焦消除及捕获系统(confocal ablation trapping system,CATS),系统将两激光光镊光束和一激光光刀光束耦合进入激光扫描共聚焦荧光显微镜;另一正在研制与开发的系统为双光子共聚焦激光消除与捕获操作系统(a two photon confocal ablation trapping system, CATS)。为满足对操作对象的实时控制,共焦成像的速度必需足够快,操纵和观察之间的时间间隔最好短于 1 秒,目前以快速 CCD 为基础的光束扫描共聚焦显微镜,能以接近视频的速度提供三维图像,这就为显微观察的适时操作奠定了良好的基础。实践证明,LSCM 与光镊、光刀的组合运用将有助于分子水平、细胞水平研究和生物医学项目:如染色体微切割、活体细胞的染色体俘获、特定活体细胞生理状态动态监测、免疫细胞作用方式等。

5. 生物医学其他方面的应用

(1) 病变细胞的研究:病变细胞与正常细胞的内部结构以及在外界刺激下的细胞反应是有差别的。如果能对某个生理过程进行特异性荧光标记,那么就可利用 LSCM 对其荧光信号进行监测,从而获得病变细胞与正常细胞的不同信息,供进一步研究。比如,使绿色荧光蛋白 GFP 基因整合到病毒基因,用 LSCM 实时动态的探测 GFP 发出的荧光,就可以判断病毒侵染细胞的过程、侵染条件及抑制条件。这就极利于及早发现病变迹象,以获得及时治疗。图 4-9 说明了在激光扫描共聚焦显微镜下观察到的巨噬细胞吞噬 GFP 转染的大肠杆菌的情况:此细胞来自于小鼠腹腔,含腹腔巨噬细胞和淋巴细胞。腹腔巨噬细胞具有黏附和吞噬大肠杆菌的功能,有大量 GFP 转染的大肠杆菌黏附的细胞即为巨噬细胞(图 4-9 左),2～3 小时后巨噬细胞发生凋亡,由于细胞膜通透性增加,PI 进入到细胞中,使胞核红染,可见明显的凋亡小体(图 4-9 右)。而同等条件下的淋巴细胞不能黏附大肠杆菌,不发生凋亡。

(2) 药物效用的研究:探讨药物在细胞水平上的作用部位、空间分布和作用时间,对提高药效及研制新药具有重要的积极作用。利用 LSCM 不仅可以对药物在细胞中的分布及其所引起病变细胞的变化进行动态观察,而且还可以通过观察在不同时间段内药物与其作用点(比如 DNA)的结合情况,判断服用药物的最佳时间,这样就可以进一步提高药效。另一方面利用 LSCM 还可以判断新药品的药效。LSCM 在药物研究领域具有广泛的应用前景。

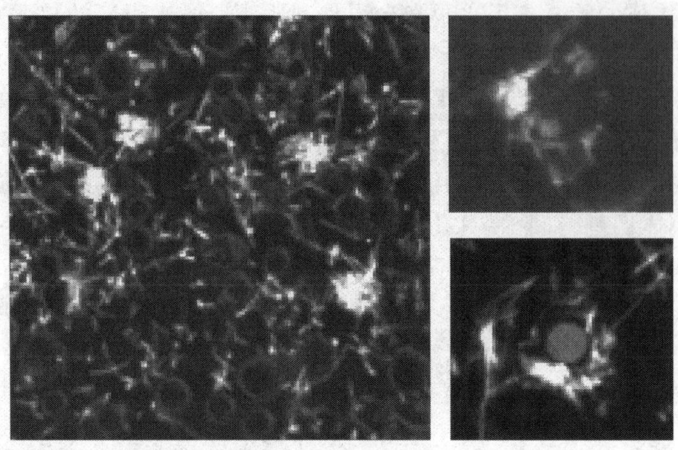

图 4-9　巨噬细胞吞噬 GFP 转染的大肠杆菌

（四）技术发展趋势

在过去的二十年里，激光扫描共聚焦显微镜在显微技术中毫无疑问是最突出最先进的技术。随着更多的先进地科技手段应用到其中中去，激光扫描共聚焦显微技术也在不断地发展与进步，以下几点展示了它的几个发展趋势：

1. 超分辨率　共焦显微镜比一般的光学成像能获得更高的分辨率，将普通的共焦成像与数字反卷积方式结合起来能获得更高的分辨率。为了使用数字处理的方法来增加图像的空间频率带宽，用额外信息限制图像的反卷积是很有必要的。这些信息都是以已知的 PSF，物体强度的非否定性，或物体的有限尺寸为形式。另外，可以牺牲一些其他的参数，比如信噪，来改善分辨率。

改善分辨率还有一种不同的方法，用探测器阵列记录照明像素内轴上和非轴上的光。在原理上，使用新的算法处理另外获得的信息，增加横向分辨率。对于相干成像，若以点物的像的 FWHM 来定义分辨率，则是普通的显微镜的两倍，是共焦反射成像的 1.4 倍。对于非相干（荧光）成像，分辨率是普通显微镜的 4 倍，是共焦荧光成像的 2.8 倍。

使用光学滤光片也可以增加分辨率，因为这可以改善透镜的传输特性，使点扩散函数更加锐利。这种方法从原理上可以得到证明，却不能适用于经济的系统。

增加共焦分辨率的更直接的方法是直接改善荧光发射点扩散函数。根据受激辐射耗尽的原理，样品临近激发光束峰值的位置与照明爱里斑交叠，发射荧光，通过限制环状区域的荧光发射，使荧光从爱里斑中心的区域发射出来，分辨率达到 30～50nm。

2. 近场扫描显微镜　分辨率可以达到波长的十分之一。远场成像技术由 fraunhofer 衍射限制，相反地，近场扫描光显微镜是由细小探针顶部的小孔来收集光成像的，探针在近场区，与样品表面的距离小于一个波长。在这种情况下，来自亚波长小孔的辐射由与小孔自生的信息，而与波长无关。如果透射或者荧光由普通的远场光学元件到达探测器，产生的图像会有增强的空间分辨率。然而，探针具样品表面的距离必须恒定，比如使用 500nm 的光，50nm 直径的孔需要(20±1)nm。因为信号强度随距离呈指数变化。扫描这个探针能同时产生光信息和样品表面的形状信息，用远场共焦扫描显微镜能够获得更高的分辨率。他能应用于湿的生物标本，更适合微分子而不是细胞领域。

3. 4pi 和 θ 共焦显微镜　以前的讨论都是在普通共焦的基础上增加横向分辨率的方

法，而另外一种方法则是改善共焦的纵向分辨率，但是横向分辨率却要降低 3 或 4 倍，这就导致了 4pi 共焦和 θ 共焦显微镜的发展。

共焦显微镜的横向分辨率和纵向分辨率都因透镜的口径而受到限制。理论上如果无限制的增加口径直到样品被一个完全会聚的球照射，这时两个方向的分辨率大致相同。与一般的高数值孔径的共焦成像相比，横向分辨率改善了 1.3 倍，纵向分辨率改善了 3.4 倍。虽然实际中不可能有这么好的效果，但至少说明使照明光在样品上变成球是有好处的。

4pi 的方法就是用两个准直的相对的物镜增加角覆盖，使得 3D PSF 沿光轴方向缩紧。然而在成像过程中却并不显出优势。这个技术最大的难点在于将两个透镜准直，使其焦点准确重合。而且这两个波的相位还得匹配。在通过真正的生物物体聚焦时很难做到这一点。

θ 共焦显微镜的方法就是使用两个物镜，收集元件的光轴相对于照明系统的光轴有一个偏移角 θ，一般都接近 90 度。这种装置和用于血细胞计数，Raman 光谱学中的装置相同。由于照明物镜和探测物镜的 PSFs 相对于另外一个有夹角，因此照明的纵向分辨率被探测光学期间的横向分辨率改善了。这种方法不依赖与两个光路的相位相干，比 4pi 容易实现。θ 共焦显微镜一般都使用长工作距离的物镜，适合用于完整胚胎的观察。更进一步的发展是使用镜子来避免透镜几何上的限制，而且可以使用高数值孔径的物镜。

4. 双光子激发和其他非线性共焦技术　在传统的荧光显微技术中，生物学家通常将观察的细胞成分用一定的荧光分子进行标记，然后通过相应波长的激发光照射对样品进行检测。单光子激发荧光的过程，就是荧光分子吸收一个光子，从基态跃迁至激发态，经过能量弛豫后，发射一个长波光子回到基态。这个过程的产生需要一定的能量，我们知道短波光子比长波光子的能量要高，如果用长波光子去激发荧光分子，则不会产生荧光。直至 1931 年，Göppert-Mayer 证明如果一个光子没有足够的能量去激发荧光分子，但能在足够短的时间内遇上第二个或多个光子，荧光分子就可以同时吸收两个或多个光子，每次吸收会产生等同于被吸收光子能量的分子激发，同样地，分子经过能量弛豫后发出荧光，这就是多光子激发荧光的过程。多光子技术中以双光子的应用最为广泛。

有关多光子显微镜原理及应用在下一节中有进一步的介绍。

激光扫描共聚焦显微镜是近二十年来发展起来的一种具有特殊检测功能，集激光、显微镜和计算机于一体的新型、高精显微观察系统。该系统利用激光点光源，有效地排除焦点以外的荧光干扰，有利于对标本深层结构的探测，实现高分辨率的二维光学断层成像，图像分辨率为普通显微镜的 0.7 倍，并可通过三维重建，使标本结构得以完整显示，对于待测样品三维立体图像重建有着重要的意义；并且可以真实的记录荧光强度，对于实时观测生物样品的活动有很大的优势。利用共聚焦显微镜，人们可以方便地研究细胞结构和组织行为、细胞骨架、细胞 Ca^{2+} 活动、核基因结构、生物芯片等重要生物学问题。LSCM 具有的共焦成像分辨率高、能层析扫描，能观察样品的三维图像等优点，使其与生物技术相结合，是生物、医学研究领域的一种强有力的仪器，本技术在活体研究方面也呈现出诱人的前景，目前共聚焦显微镜已在生物学领域得到了广泛的应用。随着技术的发展，激光扫描共聚焦显微镜的发展及其应用有着出广阔的前景。

参考文献

C. J. R. Sheppard, D. M. Shotton. 1997. Confocal Laser Scanning Microscopy. USA. BIOS Scientific Publishers

陈耀文，霍霞，林珏龙等. 2000. 共聚焦图像数据的三维重建和显示. 激光生物学报，9(2)：154～157

国风利.1999.应用于生命科学的新工具——双光子激光显微镜.生命科学.11(增刊),133～134
黄簪,梁瑞声,司徒达等.1998.高斯光束共聚焦扫描激光显微镜的光学传递函数.物理学报,47(8),1289～1294
霍霞,鲍永耀,黄辉等.1998.激光扫描共聚焦显微镜和 Fluo-3/AM 检测细胞内游离钙.激光杂志,19(3),35～37
李楠.1997.激光扫描共聚焦显微镜.北京.人民军医出版社.
李勤,俞信,胡新奇等.2000.超高灵敏度荧光显微镜及其在生物学中的应用.光学学报,20(4),533～537
刘彦华,仝文斌,吴小意等.2000.生物芯片技术及其应用前景,23(3),177
唐志列,梁瑞生,朱小松等.1999.偏振共聚焦扫描显微镜的成像特性研究.光学学报,19(8),1118～1122
王取泉,赵同云,熊贵光等.1998.Z 扫描技术及其应用,27(9),541～544
肖艳梅,付道林,李安生.1999.激光扫描共聚焦显微镜(LSCM)及其生物学应用.激光生物学报,8(4),305～311
于彦华,邢达.1999.激光共焦扫描显微镜及其在生物医学中的应用.激光杂志,20(6),35～38

第二节　非线性显微成像

非线性显微光学成像技术为一大类显微光学成像技术的总称。其中,在生物成像中得到比较广泛应用的包括双光子激发荧光显微成像(two-photon excitation fluorescence microscopy,TPM),二次或三次谐波成像(second harmonic generation microscopy,SHG 或 third harmonic generation microscopy,THG)和相干反斯托克斯拉曼散射成像(coherent anti-Stokes Raman scattering,CARS)。这些成像技术的共同之处就是成像过程涉及非线性效应,即探测的信号光强度对入射样品的激发光强度存在非线性依赖关系,或者说信号光强度与激发光强的二次方或更高次成正比。这也正是“非线性”这一称谓的来源。

尽管非线性效应的理论及其实验验证提出较早,但其被证明可应用于生物显微成像并具有独特优势则始于 20 世纪 90 年代。非线性效应与显微成像技术结合具有天然的光学层析能力。近 20 年来,非线性光学显微成像的应用日益广泛,已成为生物成像中不可或缺的重要技术。

本章将主要介绍双光子激发荧光显微成像(TPM),二次谐波成像技术(SHG)的基本原理、特点及其在生物医学领域中的应用。

一、双光子荧光显微成像

双光子激发的理论由 Goeppert · Mayer 于 1931 年在其研究论文中提出,但由于激发光源技术的限制,在 1990 年才被实验证明可用于生物显微成像。双光子激发荧光即荧光激发过程是荧光分子“同时”与两个激发光光子作用而实现。通常的荧光激发过程为单光子激发,即处于基态的荧光分子由单个光子激发跃迁到一个高能级,在经过一个短暂的弛豫过程后,释放出能量更低(波长更长)的一个荧光光子而返回到基态的过程。而双光子荧光激发过程中,荧光分子由基态到高能级的跃迁是由两个光子共同作用而实现的。这一基本过程如图 4-10 所示。

从图 4-10 也可以看到,双光子激发过程中两个光子的能量为单光子激发过程中的激发光子能量的一半左右,换句话说,双光子激发使用的激发光波长为单光子激发光波长的两倍左右(这是简化的理解,实际上,双光子激发谱的峰值并不正好是单光子激发谱的两倍,激发谱的形状也有不同)。

这种激发过程的区别应用于生物组织显微成像带来了几个重要的特点,并成为双光子荧光显微成像的独特优势。双光子激发为一种非线性过程,具体表现为荧光激发概率与激发光强度(激发光光子数密度)的平方成正比。在显微成像中,当激发光被物镜聚焦时,焦点处的激发光光子数密度最高,离开焦点时,激发光光子数密度随离开焦点的距离而下降。这时,双光子激发的非线性本质使得焦点位置处的荧光激发概率将显著高于离焦位置,在一定条件下,只有在焦点位置附近产生足够强的荧光激发,或者说,样品的荧光将只来自于焦点位置。这便带来了双光子荧光显微成像的第一个优势即天然的三维层析能力。将焦点在样品内部三维方向移动,并记录各焦点位置的荧光强度即可以得到荧光样品的三维图像。同样因为这一特点,双光子荧光显微成像技术也是一种扫描成像技术。双光子荧光显微成像的经典实验如图 4-11 所示。可以看到对于单光子荧光激发,整个激发光聚焦光锥内的荧光溶液均受激发产生荧光,而双光子荧光激发情况下,只有焦点位置有荧光信号。双光子荧光显微成像的第二个优势来源于双光子激发波长的特点。前面已经提到,相比于单光子荧光激发,双光子荧光激发的激发光波长更长,从而受生物组织散射的影响更小,可以达到更大的穿透深度,也即提高了生物组织成像的深度。

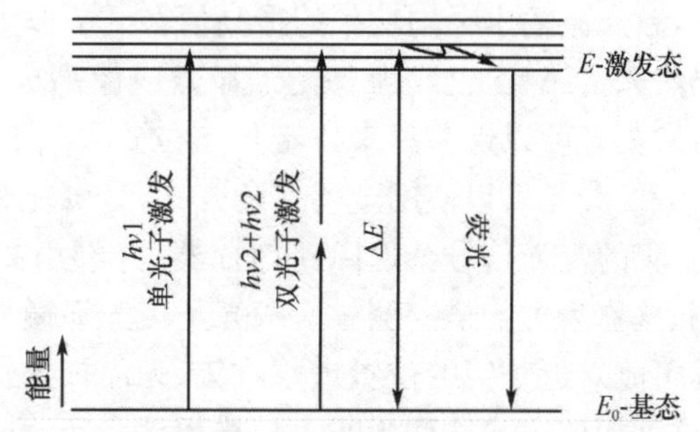

图 4-10 双光子荧光激发与单光子荧光激发过程

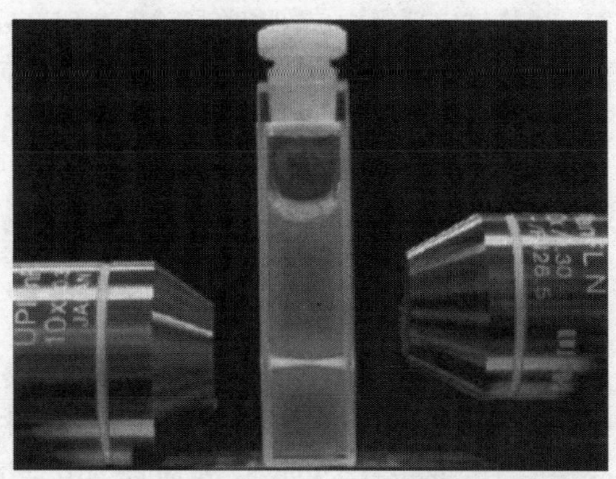
图 4-11 单光子(380nm)与双光子荧光(760nm)激发实验演示

总结起来,双光子荧光显微成像具有如下优点:天然的三维层析成像能力;降低了离焦位置的荧光漂白,有利于更长时间的生物样品成像;更大的成像深度,适合于厚组织样品或在体成像。

从实验装置的角度,双光子荧光显微成像技术与共聚焦显微成像有非常多的相似之处,两者同属于激光扫描显微成像技术,并且双光子荧光显微成像可以使用与共聚焦显微成像相同的光路结构。而为双光子荧光显微成像优化的显微成像系统相比于共聚焦荧光显微成像系统的差异分别与激发和探测相关。从激发方面,双光子荧光激发的发生概率显著低于单光子荧光激发,因此要求非常高的光子数密度。为此,双光子荧光显微成像一般使用高重复频率的超短脉冲激光器作为激发光源。通过超短脉冲输出,达到很高的峰值功率,从而保证每个脉冲输出时实现足够高的激发光强度。当前最为常用的双光子激发光源为输出波长可调的钛蓝宝石激光器,波长范围覆盖 700～1000nm 范围,脉冲宽度在 100fs

左右，激光器输出平均功率的最高值在2W以上，峰值功率达到几百kW。这样的激光器目前仍然非常昂贵，也成为双光子显微成像高成本的主要因素。从探测方面来看，由于双光子激发荧光可以认为只来自于焦点位置，不需要使用共焦小孔阻挡焦点外的荧光，因此双光子激发荧光可以使用全场探测方式，尽可能多的收集全部荧光信号。在共聚焦显微成像中，收集的荧光信号会返回到扫描器，并经由扫描器得到不扫描的荧光光路并经共焦小孔探测，这称为去扫描探测。而双光子荧光显微成像中，因为不需要共焦小孔，荧光信号可以在尽可能靠近物镜的位置进行收集，无需扫描器的去扫描过程以提高荧光收集效率。相应地，这种探测方式被称为非去扫描探测(non-descanned detection，NDD)。上述飞秒激光器的使用和NDD探测方式即为双光子荧光显微成像相对共聚焦荧光显微成像的两个最主要的区别。

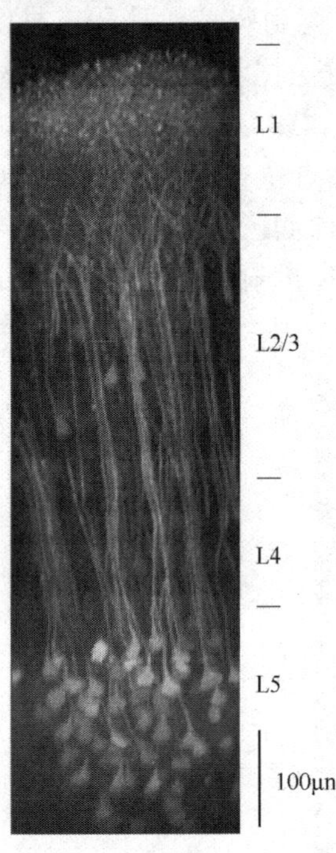

图4-12 小鼠皮层锥体神经元双光子荧光成像

经过20多年的发展，双光子荧光显微成像已经成为了生命科学研究领域的重要研究工具，适合于进行在体的或者离体厚组织的高分辨率成像，结合功能性荧光标记技术，双光子荧光显微成像不仅可用于进行结构观察，也可以对生物体功能活动过程进行长时间的在体动态观察。双光子荧光显微成像的主要应用领域包括神经生物学，发育和胚胎研究，免疫学及肿瘤研究。并且与光纤内窥技术的结合，双光子荧光显微成像技术正向着生物体内部组织成像和临床诊断方向靠近。

图4-12为转基因荧光小鼠皮层椎体神经元在体双光子荧光成像结果。该结果演示了双光子对于在体深层组织成像的能力。

二、二次谐波显微成像

二次谐波现象于1961年由Franken发现。该技术首先被用于获得更短波长的激光，而非应用于成像领域。1971年Fine和Hansen在近透明的组织中观察到了生物组织的二次谐波现象。1978年Geannaway和Sheppard提出了二次谐波的成像方法。1986年Feund利用二次谐波成像方法研究小鼠尾键胶原纤维，首次实现了对生物样品的成像。

二次谐波产生过程如图4-13所示。可以看到，二次谐波产生过程与双光子荧光激发过程存在类似之处，即过程中均包含与两个入射光子的同时作用。不同之处在于，双光子荧光激发过程存在吸收两个激发光光子并跃迁到激发态的中间过程，而二次谐波产生过程并不存在真正意义上的光子能量吸收，而是一种非线性散射过程，得到的非线性散射光保持相干性。其机理为，入射到非中心对称介质中的光子在满足相位匹配的情况下，两个光子合成一个波长减半的倍频光子。

对于双光子激发荧光，其发射荧光的波长由荧光色团自身的荧光发射光谱特性决定。而二次谐波信号光的波长则由激发光波长决定，即正好等于激发光波长的一半。二次谐波信号的产生要求介质满足一定的结构特性，即分子均有非中心对称性，并且分子排列方向一致有序。作为一种非线性光学显微成像技术，二次谐波成像除了具有双光子激发荧光显微成像技术的优势之外，由于其是一个散射过程，不存在真正意义上的能量吸收，并不会产

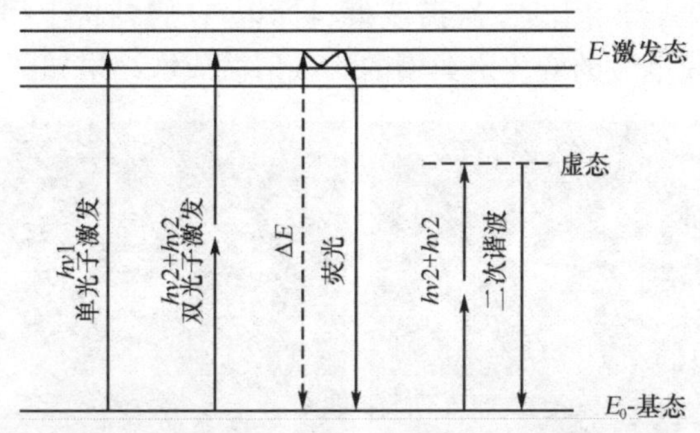

图 4-13　单光子荧光激发，双光子荧光激发及二次谐波产生能级图

生激发分子，所以具有更低的光损伤和光漂白。

二次谐波信号的产生要求介质具有一定的结构特点，这也使二次谐波成像应用于生物成像，可以在无需标记的情况下得到一些特定的结构信息，并根据这些结构信息的变化对相应的生理和病理过程进行监测。例如，胶原纤维这样的结构可以产生较强的二次谐波信号，而胶原纤维是构成细胞外微环境的主要物质，组织病变将会引起组织微环境的变化，通过对胶原纤维的二次谐波信号的动态成像观察，可用于鉴别和评估组织的病变状态。另外，二次谐波成像可以反映生物样品的特定结构信息。如图 4-14 所示，为表达绿色荧光蛋白的转基因小鼠(GAD67-GFP)的小脑脑片的二次谐波成像和双光子激发荧光成像的结果。以蒲肯野细胞为例，其胞体自身二次谐波信号很弱，但胞体被篮状细胞的轴突纤维包裹，这些轴突纤维产生很强的二次谐波信号，从而显示出胞体的外轮廓。

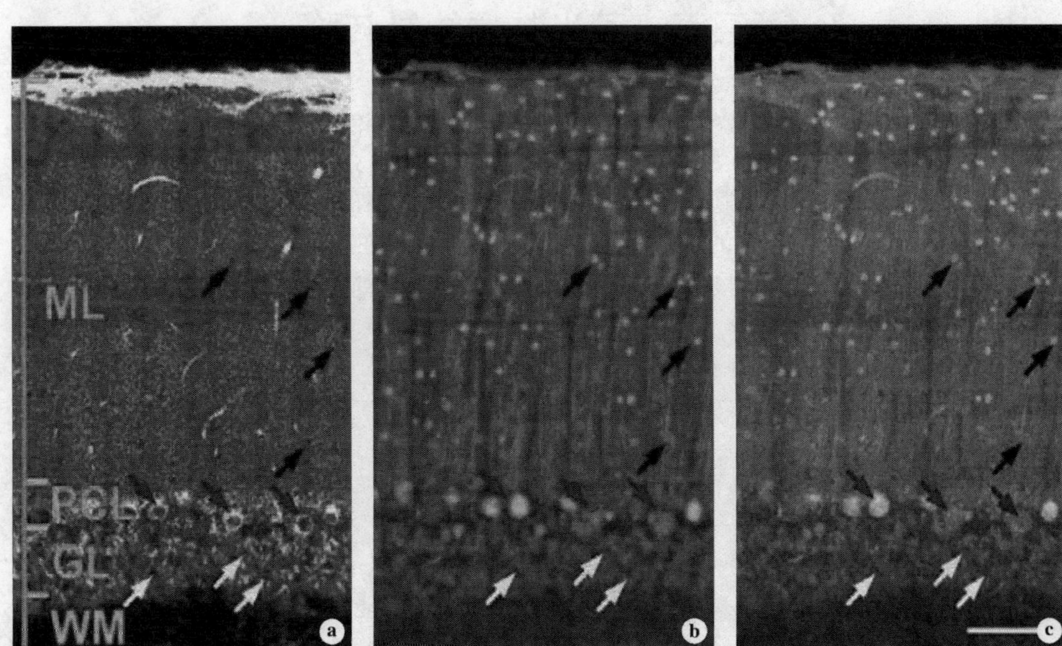

图 4-14　GAD67-GFP 转基因小鼠小脑脑片二次谐波(a)，双光子荧光(b)及两者叠加(c)的图像

图像标尺为 100μm。黑色，蓝色及白色箭头分别指示分子层，蒲肯野细胞层及颗粒细胞层的胞体。ML：分子层 PCL：蒲肯野细胞层，GL：颗粒细胞层，WM：白质

另一方面，也可以通过专门的二次谐波染料标记，在膜结构上得到高对比度的二次谐波信号，并可用于监测膜电位的变化。典型的二次谐波成像结果如图 4-15 所示。

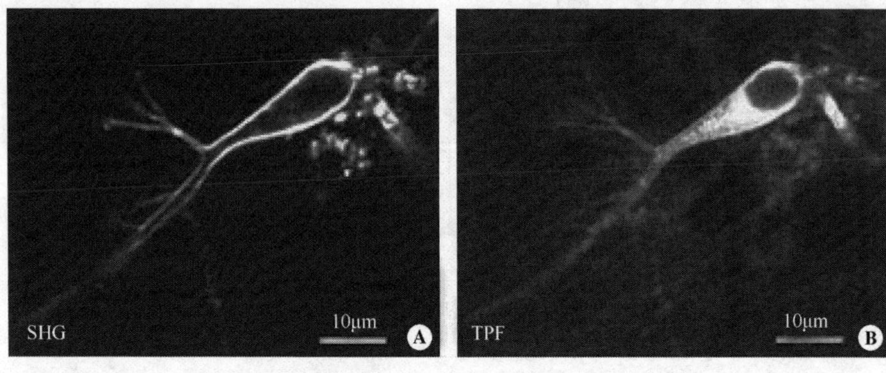

图 4-15 FM4-64 染料胞内标记的大鼠海马脑片神经元二次谐波成像(SHG)和双光子荧光(TPF)成像结果

参考文献

A. Ustione and D. W. Piston. 2011. A simple introduction to multiphoton microscopy. J. Microsc. 243:221-226

D. A. Dombeck, L. Sacconi, M. Blanchard-Desce, et al. 2005. Optical recording of fast neuronal membrane potential transients in acute mammalian brain slices by second-harmonic generation microscopy. J. Neurophysiol. 94:3628-3636

F. Helmchen and W. Denk. 2005. Deep tissue two-photon microscopy. Nat. Methods. 2:932-940

W. Denk, J. H. Strickler, W. W. Webb. 1990. Two-photon laser scanning fluorescence microscopy. Science 248: 73-76

第三节　荧光共振能量转移

荧光共振能量转移(fluorescence resonance energy transfer, FRET)是通过成像技术在时空尺度上研究蛋白质相互作用的最为重要的一种光学技术，是通过供体发光体与受体发光体之间的能量转移效率来测量供体与受体之间的空间距离的荧光光谱技术。目前，由于新型荧光蛋白、新型光谱探针的不断发展，FRET 成像技术在生物学科学研究领域得到了广泛的应用，在研究蛋白质及核酸构象、蛋白酶的活化及活性监测、蛋白质相互作用等多个领域起着重要的作用。

一、基本原理

FRET 是一个无辐射的量子能量转移现象，它指的是当一个荧光分子(即供体)受到激发时，能量向邻近的另一荧光基团(即受体)转移的过程，如图 4-16 所示。一对光谱合适的荧光物质可以构成一个能量供体(donor)和能量受体(acceptor)对，它们之间由于偶极-偶极的相互作用，激发供体分子的光子能量 $h\nu$ 可能被传递至受体分子，而后受体分子通过发射出光子 $h\nu'$($h\nu > h\nu'$)而弛豫，这就是 1948 年由 Förster 首先提出的荧光共振能量转移理论。

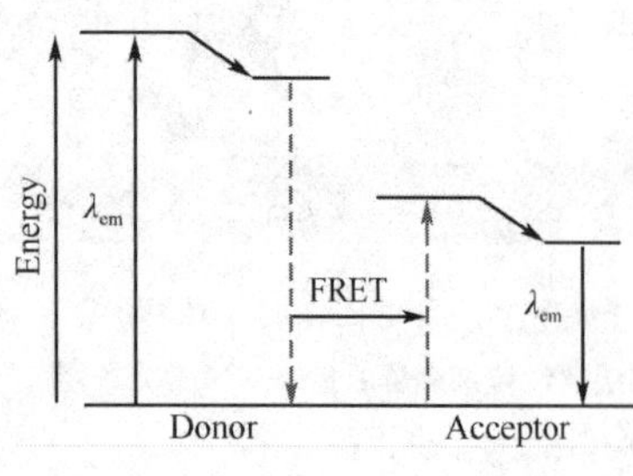

图 4-16 FRET 能量转移示意图

根据 Förster 理论，两个互相靠近的分子发生能量

共振转移效率为 $E=K'\frac{k^2\cdot\sigma}{R^6}$，其中 K' 是常数，k^2 是偶极子排列“同向因子”，R 是两分子间的距离，σ 是重叠积分，即受体激发谱与供体发射谱的重叠程度。FRET 过程是一种长距离双极子之间的交互作用，其中一个分子被激发后以非辐射的方式将能量传递到邻近的受体分子中。它可以用来在大约 10-75Å 的范围内测量两个位点之间的距离，结果可以精确到埃。

由于 FRET 效率与供体受体间的距离成 6 次幂的关系，所以 FRET 效率对距离的变化非常灵敏，当两者距离变大，其能量转移效率就会迅速下降。当 FRET 发生时，供体荧光减弱，而受体荧光增强，分别测量受体增加的荧光强度和供体减少的荧光强度，计算供体与受体之间的 FRET 效率，就可精确反映两个分子之间的空间距离。

虽然 FRET 理论早在 1948 就由 Förster 在 1948 年提出，但最初并没有在生物界广泛应用，而是直到 Stryer 的普及性文章的出版并随着荧光蛋白的不断发展以及成像技术的成熟才在生物学细胞事件活体成像以及蛋白质相互作用研究中占有越来越重要的地位。

FRET 的主要应用是基于它的光学特性：能量转移的效率决定于两个交互分子之间的距离。最为明显的 FRET 过程表现是随着受体分子的渐渐邻近（1～10nm），激发分子的荧光不断减弱，并伴随着受体分子的荧光增加。这种技术不仅可以用来测量两个位点间的静态距离，也可以用来测量动态的距离变化，从而反映出动态的变化过程。荧光共振能量转移的基本思想是将目标位点用两种不同的荧光物质标记，其中在短波一方发射的叫做供体，在长波一方发射的叫做受体，受体的吸收光谱必须和供体的发射光谱最大限度的重叠。当供体被激发时，它可以通过分子偶极间的相互偶合将能量转移给受体，从而在光谱上呈现出受体的发射光谱。能量转移的效率和供受体的光谱重叠程度、供体的量子产率、供体和受体间跃迁矩的取向以及供受体间的距离有关。

二、FRET 的能量供/受体荧光对

作为 FRET 的能量供/受体对，荧光物质需满足以下条件才能在供体和受体之间产生荧光共振能量转移：①供体荧光发射光谱与受体吸收光谱之间有相当程度的重叠；②供体与受体之间的距离足够小（<100Å）；③供体与受体偶极具有一定的相对取向。目前常用的供/受体对主要有 CFP/YFP、CFP/DsRed2、GFP/DsRed2、BFP/GFP 等。其中以 GFP 及其突变体在 FRET 中的应用最为广泛。

除了应用 GFPs 和 DsRed 等荧光蛋白作为 FRET 的能量供/受体荧光对以外，利用生物发光蛋白作为发光对的共振能量转移系统也得到了发展，即生物发光共振能量转移（bioluminescence resonance energy transfer，BRET）。所谓生物发光共振能量转移就是利用生物发光蛋白作为供体，GFP 作为受体的共振能量转移。将生物发光蛋白以基因工程的方法导入哺乳动物细胞并直接用于蛋白质相互作用的研究是一种创新技术。虽然目前 BRET 的应用还不是很广泛，但是具有很大的应用潜力，因为它既具有了 FRET 的迷人特征又避免了与激发相关的一些问题。BRET 可用来自海洋生物 *Renilla reniformis* 的荧光素酶（Rluc）和 GFP 作为荧光对，当荧光素酶与其底物 coelenterazine 发生催化反应时会发出荧光，并将能量转移到 GFP 上，从而发生 BRET。在 coelenterazine 存在下，BRET 也可在 GFP 和 *A. victoria* 的发光蛋白之间发生。BRET 已被用于评估融合蛋白之间的相互作用。将相互作用的蛋白对中的一个蛋白与 Rluc 融合（Rluc 的光谱类似于 ECFP），将第二个

蛋白与 EYFP 融合。当 Rluc 对底物催化反应时发出光子，如果 Rluc 与 EYFP 足够靠近就可发生共振能量转移，将能量转移到 EYFP，从而使 EYFP 发出荧光。这种方法首先被应用于埃希氏菌属大肠杆菌中光敏感锁蛋白 KaiB 的二聚化研究中，目前已成为研究相互靠近的分子间相互作用或分子构造的强有力的工具。

不管是 FRET 还是 BRET，都不是十全十美的共振能量转移方法，它们都有自身的优点和缺点。例如 BRET 可以避免使用激发光(FRET 需要激发)，因此特别适合于研究光敏感的蛋白，可以避免自发荧光、光漂白和细胞损伤等相关问题。BRET 方法背景荧光低，是一种非常灵敏的技术，可以检测到其他方法无法检测的相对较弱的蛋白质相互作用。最近证明，在这方面 BRET 在高通量分析中比 FRET 的灵敏度提高了 10 倍。但是 BRET 具有它自身的限制，它不适于相互作用的细胞定位的研究。FRET 可应用于单细胞分析，实验步骤相对简单，可选择程度大。但是由于 FRET 需要激发过程，所以无法克服由于激发所产生的问题，如背景噪声大、光漂白等，而且需要更复杂的仪器。FRET 和 BRET 的互补应用使蛋白质一蛋白质相互作用的动态学研究取得重要进步。

三、FRET 显微成像方法

(一) 基于荧光强度的 FRET

基于荧光强度测量 FRET 的方法是最常用的方法。基于荧光强度的 FRET 显微成像技术主要包括宽场 FRET 显微成像、激光共聚焦 FRET 显微成像和多光子激发 FRET 显微成像。可通过单独测量受体的发射荧光或者受体与供体之间的荧光比率来分析 FRET。目前多应用荧光比率法对 FRET 进行检测，当被标记的蛋白发生相互作用时，FRET 比率就会上升，而当两个荧光蛋白分离时，FRET 比率就会下降。

通过一个应用范例来说明基于荧光强度 FRET 的应用。图 4-17 显示应用 FRET 技术的荧光比率方法结合共聚焦显微镜检测 Alzheimer 症中蛋白酶活性的实验结果。首先，利用 CFP 和 YFP 作为配对 FRET 荧光对，在两个荧光蛋白中间以 β-分泌酶的作用位点的短肽连接，利用基因工程技术构建出一个类似于三明治结构的 FRET 荧光探针(dYβC)。然后，探针在细胞内表达后，就可在荧光显微镜下通过检查 CFP(供体)和 YFP(受体)通道荧光强度，并通过 YFP/CFP 的比率来表征 FRET 强度。如图 4-17a 所示，通过 YFP/CFP 的荧光强度比率，可见在没有 β-分泌酶(BACE)的情况下，FRET 探针完整，供体和受体连接在一起，互相靠近，FRET 比率高。而当加入 β-分泌酶，由于酶解作用，探针会被 β-分泌酶切开，从而使 CFP 和 YFP 两个荧光蛋白分离，距离增大，受体与供体的荧光比率就会下降，FRET 效率降低(图 4-17b)。

这种 FRET 计算方法方便简单，但是存在着自体荧光干扰、探测器噪声、光学噪声、光漂白和光谱串扰(spectral bleedthrough, SBT)等问题，其中 SBT 是一个主要的问题。所谓 SBT 是指供体荧光信号与受体荧光信号串入到 FRET 荧光信号，这是由于供体和受体的光谱重叠所引起的。这种成像方法不适于低水平蛋白质一蛋白质相互作用的检测。目前已经发展了多种其他的 FRET 显微成像技术，克服了这些困难，增加了传统 FRET 实验的通用性和正确性。例如通过选择荧光光谱串扰低的 FRET 荧光对，如 CFP 与 DsRed，或者选择 Stock 位移大的荧光蛋白作为 FRET 荧光对，还可以通过校对各个成像通道的串扰系数来排除 SBT 的影响。

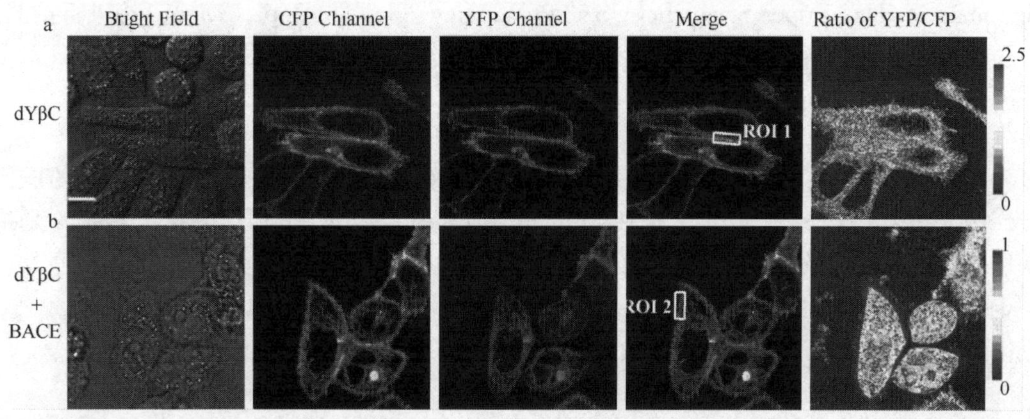

图 4-17　β分泌酶 FRET 探针的共聚焦荧光比率成像

a. 表达β分泌酶 FRET 探针(dYβC)的 HeLa 细胞,质膜上 CFP 和 YFP 均高表达,由于两者有β分泌酶识别位点的 linker 连接,FRET 效率高;b. 当 FRET 探针与β分泌酶(BACE)同时存在时,FRET 探针被酶切,导致 FRET 效率下降,YFP/CFP 荧光比率下降;白色标尺为 10μm

除了这种通过两个成像通道直接计算受体与供体比率方法表征 FRET 效率的方法外,比较通用的基于荧光强度测量 FRET 的方法还有三通道方法,即通过检测供体、受体和 FRET 三个荧光通道来进行 FRET 效率的计算。图 4-18 显示三通道 FRET 成像系统检测细胞凋亡过程中 caspase-2 蛋白酶的活化过程,该 caspase-2 蛋白酶 FRET 荧光探针以 CFP 和 DsRed 为荧光对,因此通过检测 CFP、DsRed 和 FRET 通道的荧光来进行计算 FRET 效率,将成像的结果用 matlab 软件计算后,得到一系列 FRET 效率随时间变化的细胞伪彩图(图 4-18)。

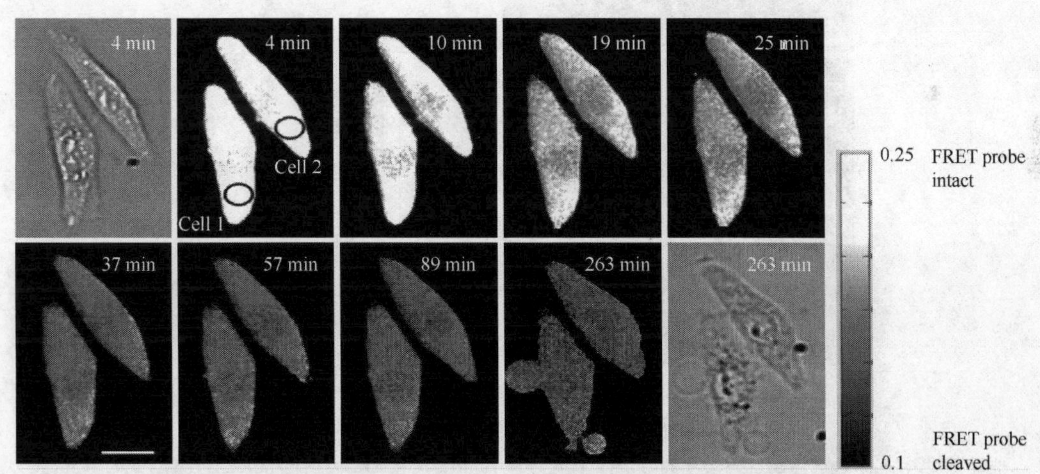

图 4-18　单细胞 FRET 成像 caspase-2 蛋白酶的活化过程

该成像系统组成如下:在 IX70 倒置荧光显微镜(Olympus,Japan)上以 100 W 汞灯(Olympus,Japan)作为光源,FRET 滤光片组分为三组(针对 CFP/DsRed2 系列的探针):CFP 通道(EX:425-445 HQ, DM:450nm, EM:460-510 HQ)、DsRed 通道(EX:510-550, DM:570 DRLP, EM:590 LP,Omega Optical)、FRET 通道 (EX:436/20nm, DM:455 DCLP, EM:620/60nm, Omega Optical). 采用致冷电荷耦合器件(Charge Coupled Device,CCD,

Micromax 5MHz, Roper Scientific,USA)和 Winview 32 软件(Roper Scientific)进行拍照,采用 Matlab 7.0 分析获得的成像图片,核心算法依据下列公式进行。

$$R_{FRET}=\frac{I_{FRET}-I_{DsRed}\times a-I_{CFP}\times b}{\sqrt{I_{DsRed}\times I_{CFP}}}$$

上面公式中 I_{FRET},I_{DsRed} 以及 I_{CFP} 分别是指由 FRET,DsRed 和 CFP 通道得到的成像结果中感兴趣区域的荧光强度。其中字母 a 是指 DsRed 在 FRET 通道的窜扰系数,b 是指 CFP 在 FRET 通道的窜扰系数,窜扰系数根据不同的成像系统值有所不同,通过程序及计算得到系统的串扰系数,可在后续的实验中消除不同通道的荧光串扰。

(二) 基于荧光衰减动态学的 FRET

在基于动态学的 FRET 方法中,供体和受体荧光的激发态动力学可以通过两种方法测量:光漂白 FRET(photobleaching FRET, pbFRET)和荧光寿命成像显微技术 FRET(fluorescence lifetime imaging microscopy FRET, FLIMFRET)。这些方法与供体和受体的浓度无关,适合于蛋白质之间相互作用的测量和细胞定位。

图 4-19 显示利用荧光受体漂白方法检测内质网(ER)中 β 分泌酶(BACE)的活性,首先利用强光对受体 YFP 进行荧光漂白,然后检测漂白前后 CFP 的荧光变化来检测 FRET 效率,FRET 效率通过 $E_F=(I'-I)\times 100/I'$ 进行计算,I' 和 I 分别是漂白前后的 CFP 荧光。

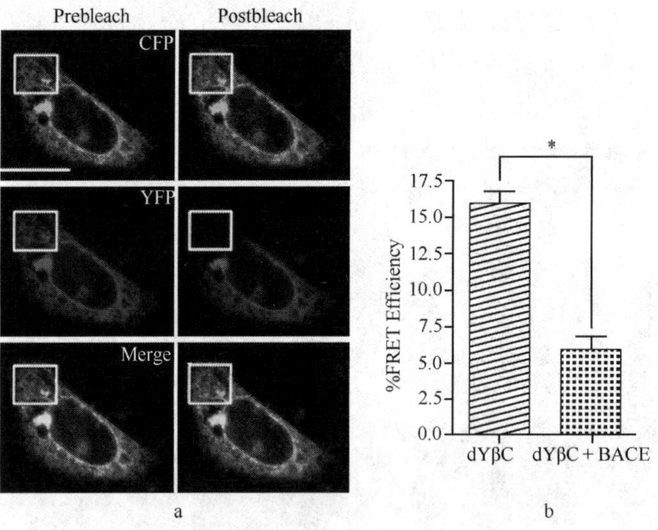

图 4-19 利用受体漂白检测 ER 中 BACE 的活性

a. 选取 ER 中的一个区域用 515nm 激光漂白,白色标尺表示 10μm。b. 在 ER 中探针的 FRET 效率(E_F)。在 dYβC 和 dYβC+BACE 两组细胞中,FRET 效率存在显著差异(* $P<0.001$)。dYβC,转染了 pDis-YβC 的细胞;dYβC+BACE,pDis-YβC 和 pBACE-mCherry 共转染的细胞。所有的实验都在转染后 10~14 小时之间执行

pbFRET 的特征是利用激发光连续激发荧光基团从而使荧光信号衰减。当受体的荧光基团非常靠近受激的供体时,就会发生供体 pbFRET,这样发生的能量转移使供体的激发态寿命减少,因此降低了光漂白的衰减速度。pbFRET 的最大缺点是不能对同一样品重复测量,因为经过长时间连续激发,荧光基团已经被损坏。

由于发生 FRET,供体的激发态会衰退,荧光寿命降低。FLIM 就是检测供体荧光寿命

的降低。在图像中每一位置都可以获得单个供体寿命值。FLIM 与 pbFRET 不同，pbFRET 是测量荧光基团的漂白时间来表征 FRET(通常在毫秒到分钟量级)，而 FLIM 测量的是皮秒到纳秒的荧光寿命。这使 FLIMFRET 成为检测活细胞内极其快速的、瞬时的分子间相互作用的一种理想工具，而 pbFRET 则适合于固定样品或者相对较慢或稳态的相互作用的检测。FLIMFRET 与基于荧光强度的比率 FRET 不同，后者需要受体和供体的发射谱足够分离，以使可用滤光片将两者分离开来，并尽可能减少重叠；而 FLIMFRET 可用具光谱相似的荧光基团的荧光对作为受体和供体。

四、FRET 的应用

GFP 及其突变体的发展为 FRET 在生物学中的应用创造了条件。早在 1991 年，Adams等人就利用 BFP 和 GFP 能量荧光对检测了第二信使 cAMP 与蛋白激酶 K(PKA)的反应。Camelions 的构建为利用 FRET 检测细胞内钙离子浓度提供了理想工具。Camelion 由 CFP、钙调蛋白(CAM)、肌球蛋白轻链激酶中的 CAM 结合肽(MLCKp-M13)以及 YFP 组成，当钙离子浓度增加时，CAM 会发生变构，从而缩短 CFP 和 YFP 之间的距离，增加 FRET 的效率，可通过 FRET 效率反映胞内钙离子浓度。除了在信号转导中的应用，FRET 也已成为活体检测蛋白质相互作用的最主要的光学技术之一，通过 FRET 技术可检测蛋白之间的相互作用及其发生位点，Mahajan 等通过将 GFP 和 BFP 分别标记 Bax 和 Bcl-2，利用 FRET 检测了活细胞中信号通路上两个蛋白质之间的相互作用。Pozo 等人用 CFP/YFP 荧光对进行 FRET 显微成像研究，在体观察了整合素与相关蛋白质之间的相互作用。对蛋白酶的活性研究也是 FRET 的一个重要的应用领域，已经构建了六种检测水解蛋白酶的 FRET 探针，为药物开发提供了多种选择。此外，FRET 还在蛋白质结构、核酸研究中起着重要的作用。随着 FRET 与 FCS、FLIM、近场光学等光学技术的结合，其应用范围将会得到进一步的扩展。

参 考 文 献

Bastiaens P. I. , Squire A. . 1999. Fluorescence lifetime imaging microscopy: spatial resolution of biochemical processes in the cell. Trends in cell biology, 9(2): 48～52

Clegg RM. 1995. Fluorescence resonance energy transfer. Curr. Opin. Biotechnol. , 6: 103～110

Jares-Erijman E. A. , Jovin T. M. . 2003. FRET imaging. Nature biotechnology, 21(11): 1387～1395

Jinling Lu, Zhihong Zhang, Jie Yang, et al. 2007. Visualization of β-Secretase cleavage in living cells using a genetically encoded surface-displayed FRET Probe. Biochem. Biophys. Res. Commun, 362 (1): 25～30

Xia Z, Liu Y. 2001. Reliable and Global Measurement of fluorescence resonance energy transfer using fluorescence microscopes. Biophys. J. , 81: 2395～2402

陈宜张，林其谁. 2005. 生命科学中的单分子行为及细胞内实时检测. 北京：科学出版社.

第四节　荧光寿命成像显微术

荧光寿命成像(fluorescence lifetime imaging microscopy, FLIM)是在传统的荧光显微镜(fluorescence microscopy)基础上发展起来的一门新技术。该技术弥补了传统荧光显微成像技术的诸多缺陷，近年来得到生物学研究人员的热切关注。

一、基本原理

光与分子的相互作用过程可以通过著名的 Jablonski 图进行描述(见图 4-20)。由图可见,一个分子吸收了一个光子后,从基态(S_0)跃迁到激发态(S_1 或 S_2,统称为 S_n)。处于激发态 S_n 的分子通过不同的途径释放能量(能量弛豫, energy relaxation)回到基态 S_0。荧光发射是其中一个重要的能量弛豫途径。在能量弛豫过程中,一般会存在能量损失,因此荧光发射的波长通常长于激发波长。

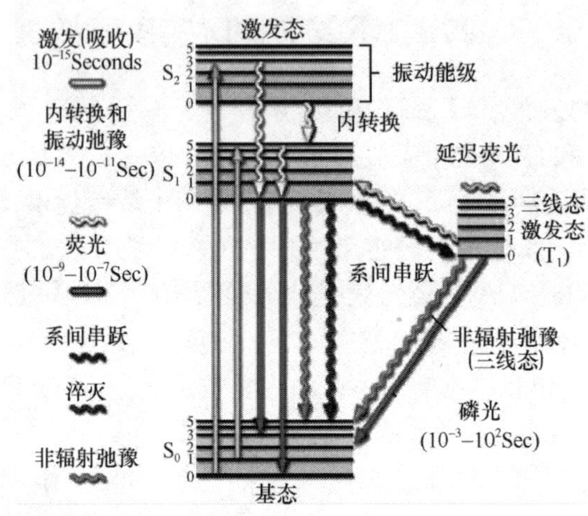

图 4-20 Jablonski 图

人们通常将具备荧光发射能力的分子称为荧光分子(或称荧光探针、荧光团、发色团等)。在传统的荧光显微镜中,人们利用合适的滤色片系统,将荧光分离出来,从而高对比度地观察到荧光分子在生物体内的发光强度分布及动态变化信息。因此,荧光显微镜被广泛用于细胞或组织内各种微观结构的分布、定位、运输等信息的研究。但是,传统的荧光显微图像的质量易受激发光强度、荧光团浓度和光漂白等因素的影响(见图 4-21),限制了荧光显微镜的应用领域。

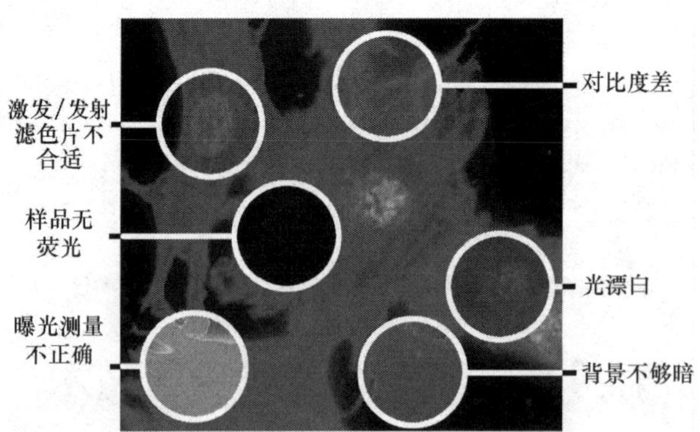

图 4-21 传统荧光显微成像的常见问题

荧光寿命(τ)指荧光分子受到光激发后返回基态之前在激发态 S_n 的平均停留时间。从原理可知,荧光寿命与能量弛豫的途径密切相关,其数值取决于荧光分子所处的微环境,跟激发光强度、荧光团浓度和光漂白等因素无关。因此，在生物样品中，测量某荧光分子荧光寿命的二维空间分布（即荧光寿命成像，FLIM），可以对目标荧光分子所处微环境中的诸多理化参数，如 pH、离子浓度等，进行定量测量。

二、荧光寿命的测量方法

荧光寿命的测量方法主要包括时域法（time domain）和频域法（frequency domain）。时域法记录的是信号强度与时间的函数关系，而频域法则记录信号的相位和振幅随激发光频率的变化。

在时域法中（图 4-22a），人们通常使用脉冲光激发荧光分子，记录分子在不同时刻的荧光强度曲线，最后根据荧光强度的衰减规律来分析并计算荧光寿命——荧光强度下降到起始值的 1/e（约 0.37）所经历的时间。实际应用中，时域法荧光寿命测量通常需要使用超短脉冲激光和时间相关单光子计数技术模块（time-correlated single photon counting，TCSPC），仪器成本较高，测量步骤复杂，但寿命测量精度较高。

在频域法中（图 4-22b），生物分子被正弦调制的激光激发，产生与激发光频率相同，但相位延迟 $\Delta\phi$ 的荧光信号。该荧光信号可以被具有相同调制频率的探测器解调并检测。通过测量相移 ϕ 和解调系数 M，即可计算得到相应的荧光寿命 τ_ϕ（相寿命）和 τ_M（调制寿命）。与时域法相比，频域法的仪器成本较低，测量方法较简单，但其测量精度比时域法低。

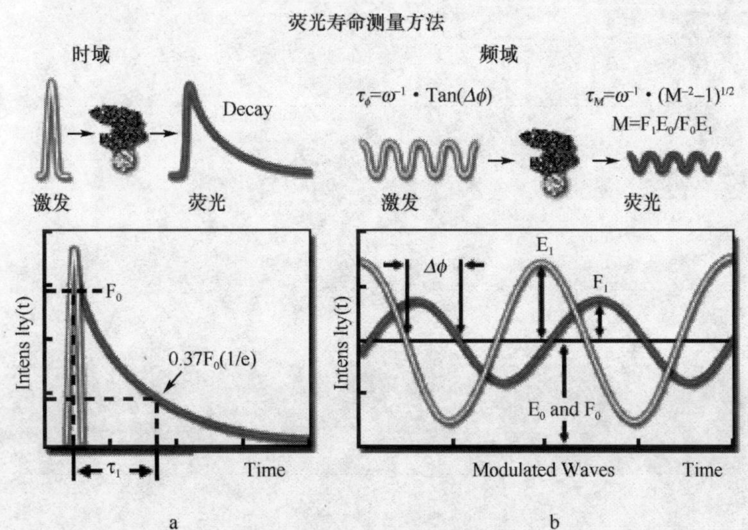

图 4-22 荧光寿命的测量方法

a. 时域法；b. 频域法

三、时域法荧光寿命成像系统的基本组成

在生物学研究中，时域法荧光寿命成像系统较为常用。该系统通常包括：超短脉冲激光器、激光扫描共聚焦成像系统、时间相关单光子计数技术（TCSPC）模块。图 4-23 是一个双光子荧光寿命成像系统，是从商品化双光子显微镜改装而成的。

飞秒激光器（Mai Tai，Spectra-Physics，USA）提供的激光（波长范围为 700～1000nm、

脉冲宽度为 100fs、重复频率为 80MHz）经过扩束、准直，从双光子显微镜（FV1000，Olympus，Japan）的红外激光入口导入到成像系统的扫描头（scan head），最后通过显微镜的物镜（60×，NA=1.42，Olympus，Japan）激发到生物样品。荧光信号由同一个物镜收集，返回 FV1000 的扫描头，通过内置探测器光路耦合到多模光纤（multi-mode output fibre），导入荧光寿命成像系统的探测器 PML-16（Becker & Hick，Germany），并由 TCSPC 模块（SPC830，Becker &Hick，Germany）收集并分析荧光寿命数据。该系统的实物图见图 4-24。

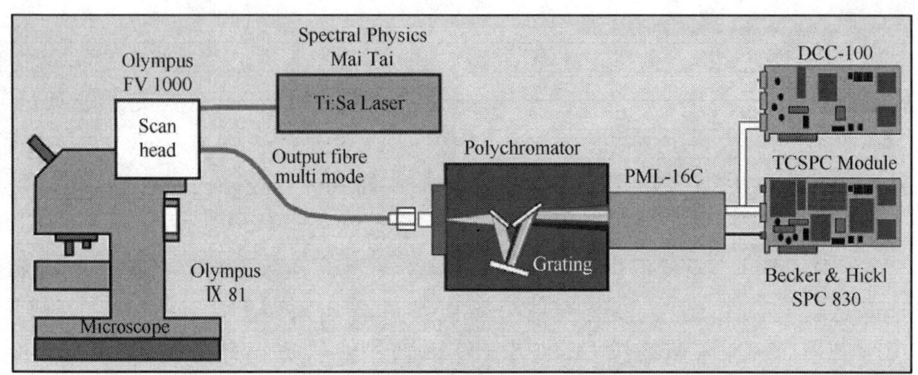

图 4-23　基于 TCSPC 技术的光谱分辨荧光寿命成像系统（原理图）

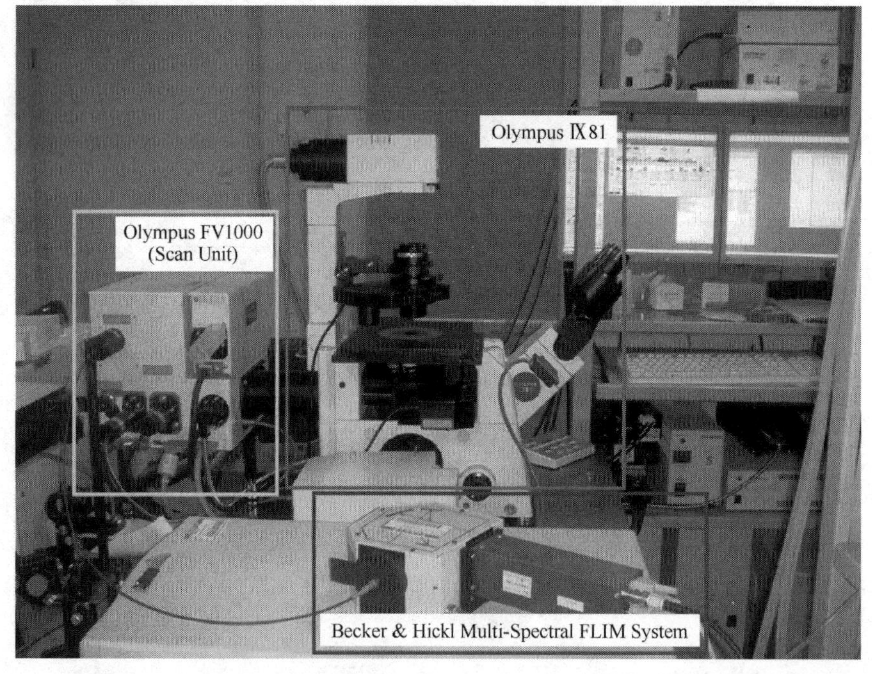

图 4-24　基于 TCSPC 技术的光谱分辨荧光寿命成像系统（实物图）

四、荧光寿命成像的应用

与传统的荧光显微成像技术相比，荧光寿命显微技术具有突出的优点：荧光寿命是荧光分子的固有光物理特征，一般不受激发光强度变化、荧光分子分布不均匀、荧光漂白等因素的影响。另外,对荧光光谱非常类似而无法通过光谱拆分(spectral unmixing)进行分离的两种荧光分子,荧光寿命成像还可能利用这些分子的荧光寿命差异进行有效区分。当前,荧光寿命成像的最重要应用是与荧光共振能量转移(fluorescence resonance energy transfer, FRET)相结合,研究蛋白质—蛋白质相互作用。

FLIM-FRET 的原理如下:供体(donor)具有固定的荧光寿命(τ_D);若有 FRET 发生,由于存在额外的能量弛豫途径,供体的荧光寿命将变短(τ_{FRET})。FRET 效率(E)的计算公式为:$E=1-\tau_{FRET}/\tau_D$。跟其他 FRET 效率测量方法相比,FLIM-FRET 的测量灵敏度、准确度和精度最高。

图 4-25 所示为典型的 FLIM-FRET 实验结果。在荧光寿命成像中,图像颜色代表不同的荧光寿命。470～495nm 通道为供体 mCer 的发光波段,520～545nm 通道是受体 mCit 的发光波段,也可能来自供体的荧光窜扰。从荧光寿命成像结果(如图像颜色)进行分析,可以直观得到预期结果:①对只存在供体 mCer 的细胞样品,两个通道中颜色基本一致,说明只存在一种寿命,520～545nm 通道是 mCer 的窜扰荧光;②对混合了供体和受体的细胞样品(mCer + mCit),在 470～495nm 通道中颜色基本看不出变化,而 520～545nm 通道中出现少数长寿命区域,说明少数地方存在 FRET 现象;③对供体和受体长距离相连(距离为 135 个氨基酸)的细胞样品(mCer-long-mCit),470～495nm 通道的颜色变蓝,520～545nm 通道的颜色偏黄,表明供体荧光寿命变化较明显,发生 FRET 的几率比前面的两种情形增大;④对供体和受体短距离相连(距离为 12 个氨基酸)的细胞样品(mCer-short-mCit),470～495nm 通道的寿命最短,表明 FRET 最显著。进一步的数据分析证实了上述预测。另外,FLIM-FRET 结果与实验模型设计一致。

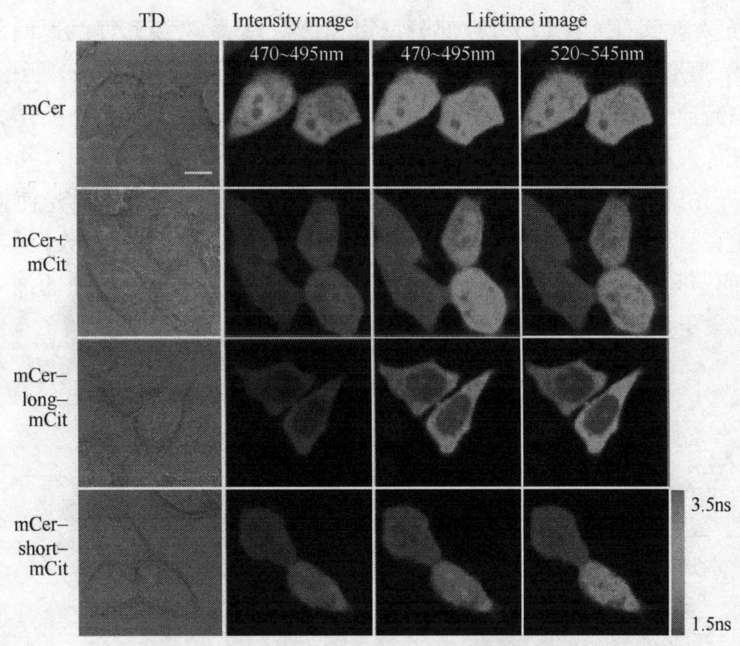

图 4-25　荧光蛋白的强度成像与寿命成像(标尺:10μm)

荧光寿命成像是时间分辨荧光光谱学和荧光显微镜的结合,既具有高的空间分辨率,又具有高的时间分辨能力,还能进行生物活体测量。因此,荧光寿命成像技术在生物物理、生物化学及临床医学诊断等领域都具有巨大的应用前景。

参 考 文 献

Erik B. van Munster, Theodorus W. J. Gadella. 2005. Fluorescence lifetime imaging microscopy (FLIM), Adv. Biochem. Engin/Biotechnol., 95, 143～175

http://micro.magnet.fsu.edu/primer/photomicrography/fluorescenceerrors.html

http://www.olympusmicro.com/primer/java/jablonski/jabintro/index.html

http://www.olympusmicro.com/primer/techniques/confocal/applications/flimintro.html

Jeff W. Lichtman, Jose-Angel Conchello. 2005. Fluorescence microscopy, Nat. Methods, 2, 910～919

W. Becker 著,屈军乐译. 2009. 高级时间相关单光子计数计数. 北京:科学出版社

第五节　光学弱相干层析成像技术

光学弱相干层析成像技术(optical coherence tomography,简称 OCT),结合了光外差探测、共焦扫描及扫描层析成像等技术的优点,具有无辐射、非侵入、高分辨率、高探测灵敏度等特点,是近二十年发展起来的一种层析成像技术,在医学和生物学领域占据着重要的作用。

OCT 图像信号的来源是生物组织的后向散射光,光在生物组织传播过程中,遇到折射率不同介质的交界面就会产生后向散射,因此 OCT 记录的实际上是光传输介质的折射率变化信息,从而反映出光传输介质内部的层面信息。

OCT 技术的实现是按照 Michelson 干涉仪的结构来设计。Michelson 干涉仪的原理如图 4-26 所示,光入射到分光棱镜上,被部分反射和透射,从参考镜和样品返回的光再由同一个分光棱镜上汇聚形成干涉,被探测器接收。光纤式 OCT 原理如图 4-27 所示,在这种结构中,光源发出的光通过单模光纤传输,经耦合器后被分为两束光,其中一束作为参考臂由一根单模光纤导出,被参考镜反射回,另外一束作为样品臂,聚焦到样品上,并接收从样品后向散射回的信号光。这两种实现方式有各自的优点。使用光纤来传导光使得整个系统结构紧凑、价格便宜。样品臂的光纤末梢有两个作用:其一作为相干光的收发器,其二作为类似于共焦针孔的空间滤波器。但是空间的 Michelson 干涉结构可以方便的加入棱镜等光学器件,给设计带来更多的方便。

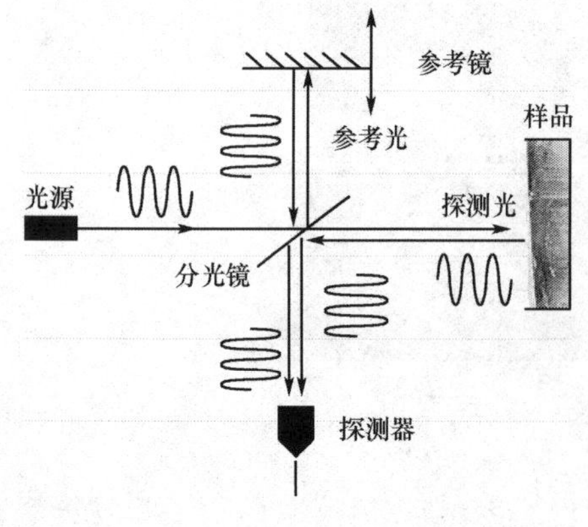

图 4-26　Michelson 干涉原理图

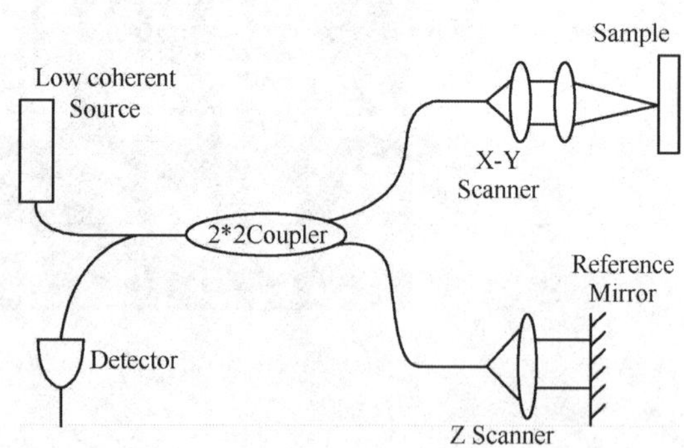

图 4-27　光纤式 Michelson 干涉仪示意图

OCT 成像技术主要分为时域 OCT 和频域 OCT 两类。

OCT 技术需要使用宽带光源。光源的相干长度很短，只有信号光与参考光近似等光程时(光程差小于光源的相干长度)，干涉才会发生，因此光源的相干长度决定了成像的纵向分辨率为$\frac{2\ln 2}{\pi}\frac{\lambda^2}{\Delta\lambda}$，$\lambda$ 为光源的中心波长，$\Delta\lambda$ 为光源带宽，所以为了获取较高的纵向分辨率，应该尽量选择光谱宽的光源。系统同时使用了共焦成像技术以提高成像的横向分辨率，其横向分辨率只由共焦系统所使用的透镜的参数决定。为了保证灵敏度使用了光外差探测技术，将光信号转换为电信号，得到干涉信号的振幅和相位信息，根据散色模型重构出被探测物的后向散射势 $F(r)$。基于瑞利散射模型，组织的一阶后向散射势与其折射率分布 $m(\mathrm{r})$直接相关，即 $F(r)=-k^2[m(r)-1]$，$m\cong n_s+\alpha C$。其中 n_s 为组织液折射率，C 为蛋白质密度，α 为蛋白质引起的折射率递增系数。由此看出 $F(r)$直接反映了组织的结构特征。最后处理可显示出灰度图或伪彩色图。探测到的光差分信号为

$$I_d=<|E_d|^2>=0.5(I_r+I'_s)+\mathrm{Re}[<E_r^*(t+\tau)E_s(t)>] \tag{4-1}$$

式中 I_r 和 I_s'是干涉仪参考臂和样品臂返回到平均光强(直流分量)，第二项是两路光的时间相干。它取决于由参考镜位置造成的光延时 τ，表征了携带组织信息的干涉条纹幅值。两路光互相关的幅值取决于光源的时间相干性，即

$$\mathrm{Re}[<E_r^*(t+\tau)E_s(t)>]=|G(\tau)|\cos[2\pi\upsilon_0 t+\phi(\tau)] \tag{4-2}$$

式中 $\upsilon_0=c/\lambda_0$ 是光源的中心频率，c 是光速，$G(\tau)$是以 $\phi(\tau)$为变量的光源时间相关函数。为提高探测灵敏度和系统信噪比，通常对 τ 进行调制。由维纳-辛钦定理可知，$G(\tau)$与光源功率谱密度 $S(\upsilon)$是一对傅里叶变换对：

$$G(\tau)=\int_0^{\infty}S(\upsilon)\exp(-j2\pi\upsilon\tau)\mathrm{d}\upsilon \tag{4-3}$$

由此可见，光源发射谱的形状和宽度会影响到干涉仪的光程差灵敏度，因而是 OCT 系统中的重要参数。

由于 OCT 只有当参考光和信号光在近似等光程时才能产生干涉，因而对其他位置的反射光或散射光具有选通抑制作用，带来的最大好处是对非透明组织仍能有效成像。因此 OCT 利用宽带光源的低相干特性实现了高分辨率的层析成像，其成像的纵向分辨率就是光源的相干长度，一般可达 1～20μm。

对于时域 OCT 系统来说，为实现层析成像，需要进行横向和纵向扫描。而频域 OCT 无需纵向扫描，通过将样品的后向散射光的光谱信息作傅里叶变换得到纵深的结构信息。

频域 OCT 系统的结构如图 4-28 所示。宽带光源发出的光波，经分束器，按振幅进行分束。一束经过参考臂的反射镜的反射，另一束经过样品臂的组织后向散射，又再次返回分束器。样品光波与参考光波之间的光程差稳定，使得同频率的光波分量之间产生干涉。探测臂将干涉信号经光栅分光，分光后的光谱信息被线阵列探测器接收。干涉光波的光谱信息包含了组织一个纵向深度的图像信息，将光谱信息进行傅里叶逆变换，得到组织一个纵向扫描的结构图像。探测器接收到的干涉信息可以表示为：

$$I_{SR}=I_S(k)+I_R(k)+2\sqrt{I_S(k)I_R(k)}\mathrm{Re}\{\mu(k)e^{i[\varphi_S(k)-\varphi_R(k)]}\} \tag{4-4}$$

其中 $I_S(k)$为样品臂的光谱功率，$I_R(k)$为参考臂的光谱功率，$\mu(k)$为光谱相干度(若使用的是单色光源，则光谱相干度为 1)。$\varphi_S(k)$是来自样品的光谱相位，$\varphi_R(k)$是来自参考臂

的光谱相位。

频域 OCT 基于傅里叶衍射层析定理及其一阶 Born 近似。1969 年，Wolf 构建了光学逆散射的一种模型算法。通过该模型，可以重构弱散射介质包含的结构信息通过该算法推导，精度在 Born 近似的范围内。可以根据散射光波的振幅信息和相位分布信息来重构介质的散射势的三维分布。该重构模型算法也称为傅里叶衍射层析定理，阐述了在弱散射条件下介质散射势信息的傅里叶变换与介质结构的傅里叶变换之间的联系。

在一般的 OCT 系统中，我们所利用的信号是生物组织的后向散射光。如图 4-29 所示，假设高斯型的单色光束照射到某一弱散射、非均匀介质表面，一定的探测深度范围内（与瑞利长度相当的数量级），入射光束可以简化地视为平面波 $E^{(i)}$：

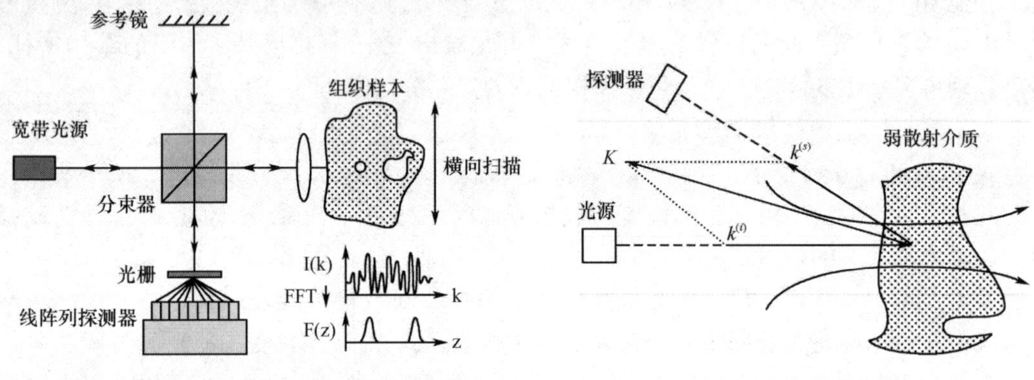

图 4-28　频域 OCT 系统的成像原理图

图 4-29　后向散射模型

$$E^{(i)}(\vec{r},\vec{k^{(i)}},t)=A^{(i)}\exp(i\vec{k^{(i)}}\cdot r-i\omega t) \tag{4-5}$$

其中，入射波的波矢量为$\vec{k^{(i)}}$，介质空间中的位置矢量为 r。假设散射波为 $E^{(s)}(\vec{r},\vec{k^{(i)}},t)$。Wolf 做了一个假设，对于弱散射物体（$|E^{(s)}|\ll|E^{(i)}|$）利用一阶 Born 近似给出了如下关系：

$$E^{(s)}(\vec{r},\vec{k^{(s)}},t)=-\frac{1}{4\pi}\int_{v(r')}F(\vec{r'},\vec{k^{(i)}})E^{(i)}(\vec{r'},\vec{k^{(i)}},t)\times G(|\vec{r}-\vec{r'}|)\mathrm{d}^3r' \tag{4-6}$$

其中，格林函数满足：

$$G(|\vec{r}-\vec{r'}|)=\frac{\exp(i\vec{k^{(s)}}|\vec{r}-\vec{r'}|)}{|\vec{r}-\vec{r'}|} \tag{4-7}$$

由公式可知散射光波可以由格林函数表示，二次子波在探测介质空间上的积分，物体的散射势 $F(\vec{r},\vec{k})$由二次子波的相对强度决定。

由于引入的是理想单色光，介质折射率的色散被忽略了。进一步地，作光波的波数与介质的散射势不相关的假设，或假设关联对成像质量的影响可以忽略。但更普遍的情形下，色散的影响必须考虑。近似后，我们得到了简化形式：

$$E^{(s)}(\vec{r},\vec{k^{(s)}},t)=-\frac{A^{(i)}}{4\pi D}\exp(i\vec{k^{(s)}}\cdot\vec{r}-i\omega t)\times\int_{\vec{V(r)}}F(\vec{r'})\exp(-i\vec{k^{(s)}}\cdot\vec{r'})\mathrm{d}^3\vec{r'} \tag{4-8}$$

其中，$A^{(s)}$ 表示入射光波的振幅，并且假设为物体内的一个恒量，$\vec{K^{(s)}}$ 为散射矢量。进行近似替代，可以得出，物体散射势 F 的三维傅里叶逆变换与后向散射光波的振幅 $A^{(s)}$ 满足正相关：

$$A^{(s)}(\vec{r},\vec{k^{(s)}},t)=-\frac{A^{(i)}}{4\pi D}\int_{\vec{V(r)}}F(\vec{r'})\exp(-iK^{(s)}\cdot\vec{r'})\mathrm{d}^3\vec{r'}\propto FT\{F\vec{r'}\} \tag{4-9}$$

可以做进一步地替换，我们认为介质空间中的散射势 F 与横坐标无关，只需关注在 z 轴方向上的光学特性。进行简化后，在系统中使用常量因子 C 来替换 x 轴和 y 轴方向上的面积分，其数值与入射光波的束腰的横截面积正相关。在此种假设下，只有已知一定数量 k 值的散射光波场才能满足条件。在频域 OCT 系统中，我们正是将光源看成是有限频率的多个照明光源的合光。则三维的傅里叶变换进一步可以简化为一维的傅里叶变换：

$$E^{(s)}(\vec{r},\vec{k^{(s)}},t)=-\frac{A^{(i)}}{4\pi D}C\exp(i\vec{k^{(s)}}\cdot\vec{r}-i\omega t)\times\int_0^r F(z')\exp(-i\vec{K}\cdot z')\mathrm{d}z' \quad (4\text{-}10)$$

由此，我们知道散射势 $F(z)$ 与后向散射光复振幅 $A^{(s)}(P,\vec{k},t)$ 的傅里叶逆变换正相关，即：

$$F(z)\propto FT^{-1}\{A^{(s)}(P,\vec{k},t)\}\propto FT^{-1}\{a^{(s)}(P,\vec{k})\exp(i\phi^{(s)}(P,\vec{k}))\} \quad (4\text{-}11)$$

依据上式，可以得出如下结论：

$$F^{S}(z)\propto FT\{I^{(s)}(\vec{k})\} \quad (4\text{-}12)$$

通过傅里叶变换，便可将探测器采集到的光谱信息转换为深度位置信息。

频域 OCT 具有无电离损伤、非侵入性、成像速度快、纵向分辨率高、信噪比高、探测灵敏度高等特性，因此，将该技术引入临床医学领域，具有极大地应用前景。

OCT 技术自 1991 年由 MIT 在 *Science* 杂志上提出以来，就因为其微米量级的分辨率、高灵敏度、无损探测的特点在生物医学领域引起了非常大的关注度。相比较，X-CT 具有较高的成像深度和分辨率，但成像时间较长，不能做实时成像，且高能量射线的长时间照射会损伤人体健康；超声成像具有相当的探测深度，对人体损害小，但分辨率较低，而且作为实时成像效果也不太好；MRI 可达亚毫米级的分辨率，且为无损成像，但仪器价格过于昂贵，所需成像时间在临床中也难以接受。因此 OCT 高分辨的特点和 1～3mm 的成像深度，而且成本相对低廉，可实时无损的监测，这些都决定了它终究会成为医学上一种必不可少的诊断成像方式，因此从发明至今，经过近 20 年的发展，世界大多数生物医学成像实验室及相关的光电实验室都参与到了 OCT 的研究，因此其发展非常迅速，其商业化的速度一直是呈指数增长。1996 年 Carl Zeiss 制造了第一台商用 OCT，用于眼科的诊断。该公司最新的一款 Cirrus™ HD-OCT，自 2007 年 11 月推出以来，已经获得眼科界广泛的认同并很快成为视网膜诊断和青光眼疾病的金标准。

除了眼科方面的应用，对于高散射组织的应用，OCT 也被寄予为一种很有潜力的手段。比如 OCT 可用于口腔和牙齿组织的成像和疾病（如：龋齿）的临床诊断，并用来检查康复过程中的效果；OCT 可用于大脑皮层成像，通过获取不同状况下大脑皮层光学参数的变化作为研究认知科学的手段之一；目前临床活组织切片的方法仍是诊断癌症的黄金标准，但是这样会引起癌细胞的扩散、伤口感染和出血等负面影响，而 OCT 可以做到对表层组织以下 1～3mm 的临床监测，而病变多发生在这个区域范围，根据病变组织与正常组织光学特性上的差异，可将 OCT 图像作为癌症等疾病早期诊断的依据，同时也可以作为炎症、皮肤病等疾病诊断的参考；与内窥技术结合，OCT 也可实现心血管疾病、肺、肠胃组织、泌尿系统的诊断。

另外 OCT 还发展出了多种模式，除了提供结构信息，还可以实现功能成像。偏振 OCT 对具有双折射效应的组织成分可以有比较好的鉴别效果，可用于皮肤烧伤程度及牙、骨骼、肌肉等的诊断；多普勒 OCT 可以获得血流信息，用于心血管疾病的诊断以及止血剂的研究等；光谱 OCT 可以根据组织的光谱特性判断组织的状态，比如在 Barrett 食管的诊断上，光谱 OCT 表现出比较好的相关性。因此 OCT 在生物光子学和临床医学上有着广泛的应用前景。

参考文献

Alexander, S. G. E. Koehl, M. Hirschberg, et al. 2008. Dynamic imaging of cancer growth and invasion: a modified skinfold chamber model. Histochemistry and Cell Biology, 130(6): 1147-1154

Cheng, J. X. and X. S. Xie, Coherent anti-Stokes Raman scattering microscopy: Instrumentation, theory, and applications. Journal of Physical Chemistry B, 108(3): 827-840

Cicchi, R., D. Massi, S. Sestini, et al. 2007. Multidimensional non-linear laser imaging of Basal Cell Carcinoma. Optics Express, 15(16): 10135-10148

Condeelis, J. and J. E. Segall. 2003. Intravital imaging of cell movement in tumours. Nature Reviews Cancer, 3(12): 921-930

Fu, L. and M. Gu, 2007. Fibre-optic nonlinear optical microscopy and endoscopy. Journal of Microscopy-Oxford, 226(3): 195-206

Georgakoudi, I., B. C. Jacobson, M. G. Muller, et al. 2002. NAD(P)H and collagen as in vivo quantitative fluorescent biomarkers of epithelial precancerous changes. Cancer Research, 62(3): 682-687

Hellerer, T., C. Axang, C. Brackmann, et al. 2007. Monitoring of lipid storage in Caenorhabditis elegans using coherent anti-Stokes Raman scattering (CARS) microscopy. Proceedings of the National Academy of Sciences of the United States of America, 104(37): 14658-14663

Hompland, T., A. Erikson, M. Lindgren, et al. 2008. Second-harmonic generation in collagen as a potential cancer diagnostic parameter. Journal of Biomedical Optics, 13(5): 1-11

Huang, S. H., A. A. Heikal and W. W. Webb 2002. Two-photon fluorescence spectroscopy and microscopy of NAD(P)H and flavoprotein. BIOPHYSICAL JOURNAL, 82(5): 2811-2825

Kirkpatrick, N. D., M. A. Brewer and U. Utzinger. 2007. Endogenous optical biomarkers of ovarian cancer evaluated with multiphoton microscopy. Cancer Epidermiology Biomarkers & Prevention, 16(10): 2048-2057

Lyubovitsky, J. G., J. A. Spencer, T. B. Krasieva, et al. 2006. Imaging corneal pathology in a transgenic mouse model using nonlinear microscopy. Journal of Biomedical Optics, 11(1): 1-6

Mansfield, J. C., C. P. Winlove, J. Moger, et al. 2008. Collagen fiber arrangement in normal and diseased cartilage studied by polarization sensitive nonlinear microscopy. Journal of Biomedical Optics, 13(4)

Nan, X. L., J. X. Cheng and X. S. Xie. 2003. Vibrational imaging of lipid droplets in live fibroblast cells with coherent anti-Stokes Raman scattering microscopy. Journal of Lipid Research, 44(11): 2202-2208

Potma, E. O., W. P. De Boeij, P. J. M. Van Haastert, et al. 2001. Real-time visualization of intracellular hydrodynamics in single living cells. Proceedings of the National Academy of Sciences of the United States of America, 98(4): 1577-1582

Provenzano, P. P., D. R. Inman, K. W. Eliceiri, et al. 2008. Collagen density promotes mammary tumor initiation and progression. Bmc Medicine, 6

Provenzano, P. P., K. W. Eliceiri, J. M. Campbell, et al. 2006. Collagen reorganization at the tumor-stromal interface facilitates local invasion. Bmc Medicine, 4

Skala, M. C., J. M. Squirrell, K. M. Vrotsos, et al. 2005. Multiphoton microscopy of endogenous fluorescence differentiates normal, precancerous, and cancerous squamous epithelial tissues. Cancer Research, 65(4): 1180-1186

Strupler, M., M. Hernest, C. Fligny, et al. 2008. Second harmonic microscopy to quantify renal interstitial fibrosis and arterial remodeling. Journal of Biomedical Optics, 13(5)

Su, P. -J., W. -L. Chen, J. -B. Hong, et al. 2009. Discrimination of collagen in normal and pathological skin dermis through second-order susceptibility microscopy. Optics Express, 17(13)

Tiede, L. M., S. M. Rocha-Sanchez, R. Hallworth, et al. 2007. Determination of hair cell metabolic state in isolated cochlear preparations by two-photon microscopy. journal of biomedical optics, 12(02: 10042)

Wang, W. G., J. B. Wyckoff, V. C. Frohlich, et al. 2002. Single cell behavior in metastatic primary mammary tumors correlated with gene expression patterns revealed by molecular profiling. Cancer Research, 62(21): 6278-6288

Yu, W. M., J. C. Braz, A. M. Dutton, et al. 2007. In vivo imaging of atherosclerotic plaques in apolipoprotein E deficient mice using nonlinear microscopy. Journal of Biomedical Optics, 12(5)

Zhuo, S., J. Chen, S. Xie, et al. 2009. Extracting diagnostic stromal organization features based on intrinsic two-photon excited fluorescence and second-harmonic generation signals. Journal of Biomedical Optics, 14(2)

Zhuo, S. M., J. X. Chen, T. Luo, et al. 2009. Multiphoton microscopy of unstained bladder mucosa based on two-photon excited autofluorescence and second harmonic generation. Laser Physics Letters, 6(1): 80-83

Zhuo, S. M., J. X. Chen, X. S. Jiang, et al. 2007. Visualizing extracellular matrix and sensing fibroblasts metabolism in human dermis by nonlinear spectral imaging. Skin Research and Technology, 13(4): 406-411

Zoumi, A., A. Yeh and B. J. Tromberg, 2002. Imaging cells and extracellular matrix in vivo by using second-harmonic generation and two-photon excited fluorescence. Proceedings Of The National Academy Of Sciences Of The United States Of America, 99(17): 11014-11019

第六节　扩散光学层析成像

一、扩散光学层析成像简介

扩散光学层析成像(diffuse optical tomography, DOT)是利用散射光来探测组织功能的一种光学在体成像技术，利用生物组织对 600～900nm 波段的光子呈低吸收、高散射，光子可深入到组织表面数厘米下、成像深度深的特点，扩散光学层析成像可非侵入的对深层组织进行功能成像。在乳腺癌的诊断，关节成像以及人体肌肉和脑部组织的血氧测量，新生儿脑发育监护等方面有卓越的表现。而随着近红外波段荧光探针技术的发展，DOT 与荧光探针技术相结合可对组织水平、细胞及亚细胞水平的分子信息进行成像，从而在疾病的在体检测、基因治疗的在体示踪、药物在体疗效测评和功能分子在体活动规律研究等许多生物医学领域具有独特的优势而使其脱颖而出、独树一帜。较其他传统的成像模式如单光子发射断层成像和正电子发射断层成像中使用的有 γ 射线的辐射性标记物来说，光学标记物发出的近红外光子能量更低，对生物体的伤害更小，这对以后应用于人体有重要作用。且与 MRI 和 SPECT 相比，光学方法灵敏度高，成本低。由于近红外光不像 X 射线和 γ 射线那样对组织具有高穿透性，因此扩散光学层析成像技术不能像传统 XCT 成像技术那样利用基于 Beer-Lambert 定律的反投影滤波算法进行图像重建。近红外光在组织中传播时呈高散射、低吸受特性，由于光子的多次散射效应，与 CT 成像技术相比，扩散光学层析成像在理论建模和图像重建方面都要复杂的多。

二、扩散光学层析成像模式

在 DOT 系统中，源和探测器都是放置在样品的周围。通常的模式是，一点照明，多点进行透射光探测，然后每个光源进行重复探测，最后通过用计算机进行图像重建。这三种排列形状在光学测量和成像的质量上有微弱的差别，投影式通常用于传统的 X-ray 成像中，该方式本身并不能用于层析成像，但针对乳腺组织监测中在假设肿瘤的是球形的条件下可定量对光学参数进行重建，多角度投影和多波长成像可以提高重构的精度。

根据源信号的类型，DOT 一般分为三种模式：时域、频域和稳态。在时域模式，光源使用的是短脉冲(通常在皮秒脉宽)，透射光的脉宽会被展宽。在频域模式，光源的强度是调制的，通常被调制到几百 MHz，透射光的调制深度下降。而在稳态模式，光强是时间不变的，不过通常也会采用低频调制(比如，kHz)，来提高信噪比或对光源进行编码。在三种模式中，时域信号的信息是最丰富的，但是数据采集时间是最长的，成本也是最高的。频域模式经常只是用到一种调制频率，所以包含的信息并没有时域模式丰富，但是其采集时间较短，并且成本较低。通常在窄带探测模式能够获得更好的信噪比。稳态模式没有包含时间相关的信息，但是其采集时间是最快的，并且成本是最低的。

1. 时域模式 在时域模式，采用皮秒到飞秒级的超短脉冲对组织进行照射，能够获得出射光强随时间的变化关系，即时间点扩展函数(TPSF)。这个响应可以通过高速扫描相机或者时间相关的单光子技术器来进行探测。图 4-30 是日本产业技术综合研究所及天津大学的高峰研究组搭建的多通道时域模式的 DOT 系统的原理图。该套系统采用时间相关单光子计数技术进行探测，三个激光脉冲二极管产生激发光(759、799、834nm)，通过两个光纤转换器平台接入到光源光纤中。激光脉冲宽度大约为 100ps，平均脉冲为 0.25mW。一个共轴装置被用于固定光源光纤和探测器光纤，单根光纤直径为 400um，在光纤内部核心有一直径 30um 的小光纤用于探测。每一个通道在探测光纤和和光电倍增管(photon-multiplier tube，PMT)之间都一个单独的光衰减片。光子从组织表面发射出来的光是同时被所有探测器进行探测的，然后进行三波长的所有光源进行轮流探测。所有的器件和测量过程都是通过一台个人电脑进行控制的。

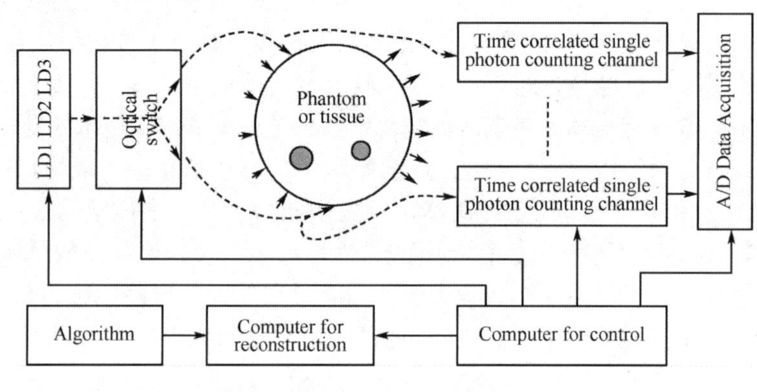

图 4-30 时域模式 DOT 系统示意图

2. 频域系统 频域系统采用的射频正弦强度调制(调制频率一般在几百 MHz)光源，调制光在组织内传播时会形成光子密度波(photon density wave，PDW)，通过组织的传播，调制光的频率不会发生变化，但是由于吸收和散射的影响，调制光的强度会发生衰减，同时由于光子传输路径的不同，相位也会发生延迟。通过探测出射光的衰减、相移和调制深度提取关于组织光学有用的信息进行逆向问题重建。

图 4-31 是克莱姆森大学(Clemson University)的蒋华北研究组及南加州医科大学(Medical University of South Carolina)的 Bolster 研究组研发的频域 DOT 系统，该套系统中，光源使用的是一个波长 785nm，功率 50mW 的强度调制的激光二极管，通过 16 路 3mm 的光纤束将光导入到样品表面。对于每个光源位置，在样品表面的 16 个探测器位置都进行探测，并传输到 PMT。第二个 PMT 的作用是对反射信号进行探测。多光源和探测器光纤都是通过两个自动的平移台实现复用。直流、交流和相位偏移信号的采集是通过 Labview 中快速傅里叶变换控制的标准外差技术。

3. 稳态系统 稳态系统一般采用连续光源对组织进行照射，通过表面处多个不同位置的探测器进行光强度的测量，探测器一般使用光电倍增管或者 CCD 相机。然后根据光强的

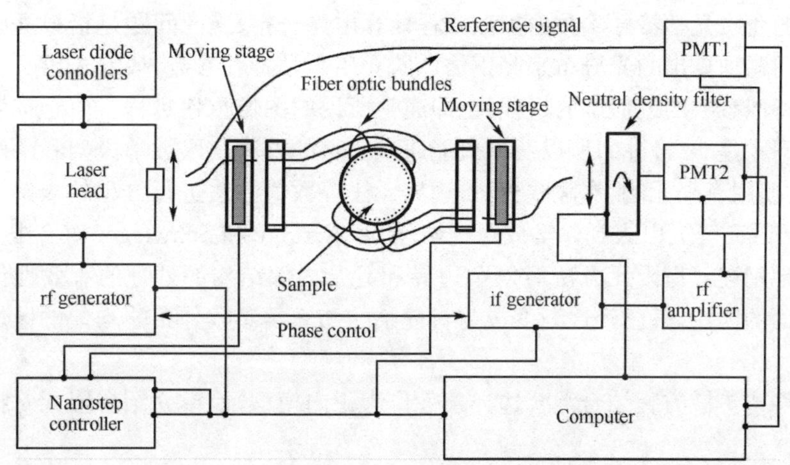

图 4-31　频域及稳态模式 DOT 系统示意图

衰减来计算被测组织的光学特性参数。与其他两种测量模式相比,稳态系统具有如下几个优点:结构相对简单,设备便宜且易于小型化,测量时间较短,是目前最具有临床应用前景的组织光学特性无创检测技术之一。并且在动态监测方面,稳态系统具有一定的优势,在新生儿脑部发育过程中供氧及血氧动力学观测和脑功能成像方面有广泛应用。稳态系统就是一种频域系统的特殊情况,即调制频率设置为零。所以一般情况下,其系统结构与频域系统类似,频域系统能够用做稳态系统进行使用。图 4-32 为华中科技大学的骆清铭教授研究组研制的稳态 DOT 系统。

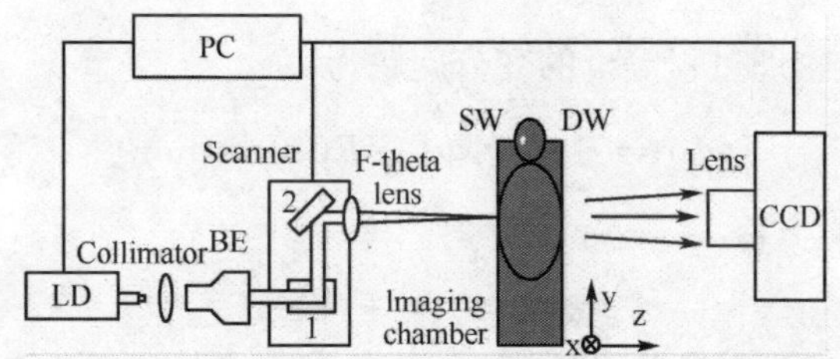

图 4-32　DOT 系统示意图

其中 LD 为半导体激光器;BE 为扩束镜;1,2 为振镜反射镜片;SW 为扫描窗口;DW 为探测窗口;PC 为计算机

三、扩散光学图像重建方法

对于近红外光在组织中的传播规律,可以通过解析理论和传输理论两种物理模型进行描述。解析理论是建立在光的波动性基础上,以 Maxwell 方程组来描述光波在介质中传播特性的物理模型。由于 Maxwell 方程组的复杂性,只有在极少数条件下可解,因此这种理论模型在现阶段的研究中不适用于近红外光的层析成像。传输理论是建立在光的粒子性基础上,以 Boltzmann 方程来描述光子在介质中传输特性的物理模型。与解析理论不同,传输理论忽略了光的波动性,因而将问题大大简化。与 Maxwell 方程组相比,Boltzmann 方程已经简单很多,但对其求解仍然是非常困难的一件事。因此,产生了许多对 Boltzmann 方程进行简化的派生物理模型,其中应用最为广泛的是被称为扩散近似的物理模型。

扩散光学层析成像问题最终归结为扩散方程的正向问题和逆向问题求解:正向问题是

指根据估计的介质光学特性参数由扩散方程计算出光分布；逆向问题是指根据已知的光分布和由正向问题计算出的光分布来修正估计的介质光学特性参数，最终求出具有一定精度的介质光学特性参数的近似解的过程，也即通常所说的图像重建过程。由于扩散光学层析成像的正向问题是非线性的，所以我们只能通过一定的方法获取数学模型和求解方法上的近似解，通常使用有限元法、有限差分法、边界元法等数值方法进行方程的求解。有限元方法最早被 Arridge 等人引入到光学成像领域，随后 Arridge 和 Schweiger 对有限元方法做了进一步详细地阐述。有限元方法对复杂边界和复杂内部结构的处理的有效性促进了其在生物医学方面的因用，其已经逐渐变成为对复杂的和光学参数分布非均匀的区域进行分析的首选工具。

下面以稳态扩散方程结合混合边界条件作为正向模型，简单介绍有限元对扩散方程的处理过程：

$$-\nabla\cdot[D\nabla\Phi(r)]+\mu_a\Phi(r)=Q(r),\qquad r\in\Omega \tag{4-13}$$

$$\Phi(r)+2D\zeta\hat{n}\cdot\nabla\Phi(r)=0,\qquad r\in\partial\Omega \tag{4-14}$$

利用虚功原理，以 v 为试探函数进行积分，由公式(4-13)和(4-14)可得：

$$\iint_{\Omega}[D\Phi_x v_x+D\Phi_y v_y+\mu_a\Phi v]\mathrm{d}x\mathrm{d}y+\int_{\partial\Omega}\frac{1}{2\zeta}\Phi v\mathrm{d}s-\iint_{\Omega}Qv\mathrm{d}x\mathrm{d}y=0 \tag{4-15}$$

定义如下双线性和线性泛函：

$$a(\Phi,v)=\iint_{\Omega}[D\Phi_x v_x+D\Phi_y v_y+\mu_a\Phi v]\mathrm{d}x\mathrm{d}y+\int_{\partial\Omega}\frac{1}{2\zeta}\Phi v\mathrm{d}s \tag{4-16}$$

$$F(v)=\iint_{\Omega}Qv\mathrm{d}x\mathrm{d}y \tag{4-17}$$

则与稳态扩散方程描述物理过程等价的变分问题为：

$$J(\Phi)=\frac{1}{2}a(\Phi,\Phi)-F(\Phi)=\min! \tag{4-18}$$

相应的变分方程为：

$$a(\Phi,v)=F(v) \tag{4-19}$$

积分方程式(4-19)的解等价于微分方程式(4-13)在式(4-14)的边界条件下的解。然后要对积分方程进行离散，构造如下插值函数：

$$\Phi_h(x,y)=\sum_{i=1}^{N}\varphi_i(x,y)\Phi_i \tag{4-20}$$

其中 $\varphi_i(x,y)$ 为第 i 个节点处得插值基函数，Φ_i 为该节点的光子密度值。取试探函数为：

$$v_h(x,y)=\sum_{j=1}^{N}\varphi_j(x,y) \tag{4-21}$$

将式(4-20)和(4-21)代入方程(4-19)可得：

$$a\Big(\sum_{i=1}^{N}\varphi_i(x,y)\Phi_i,\sum_{j=1}^{N}\varphi_j(x,y)\Big)=F\Big(\sum_{j=1}^{N}\varphi_j(x,y)\Big) \tag{4-22}$$

利用双线性泛函的线性特性，可得如下简化的线性方程组，称为有限元方程：

$$K\Phi=(R+C+A)\Phi=F \tag{4-23}$$

其中矩阵 K 称为刚度矩阵，刚度矩阵分解成三个矩阵，它们和向量 F 的元素由以下积分来计算：

$$R_{ij} = \int_{\Omega} D \nabla \varphi_i(r) \cdot \nabla \varphi_j(r) d^n r \tag{4-24}$$

$$C_{ij} = \int_{\Omega} \mu_a \varphi_i(r) \varphi_j(r) d^n r \tag{4-25}$$

$$A_{ij} = \frac{1}{2\zeta} \int_{\partial\Omega} \varphi_i(r) \varphi_j(r) d^{n-1} r \tag{4-26}$$

$$F_j = \int_{\Omega} Q(r) \varphi_j(r) d^n r = \varphi_j(r_s) \tag{4-27}$$

在计算式(4-24)-(4-26)的积分时，只需要计算节点 i 和节点 j 是邻近或重合情况下的矩阵元素，而在其余的情况下均为零。首先计算单个单元刚度矩阵，然后进行总刚度矩阵的合成。单元刚度矩阵的计算与所用的单元类型有关，不同的三角单元对应不同的插值节点数和插值基函数，使用三角元便于 Lagrange 型插值基函数的构造，其与三角形上的面积坐标有直接关系。在获得总刚度矩阵以后，表明原方程已进行了有限元线性化离散，接下来只需对线性方程组(4-23)进行求解。

对于逆向问题，一般有两种求解方法：一种是将非线性问题线性化，再求解较简单的线性问题，被广泛接受的一种图像重建问题线性化方法是由 Arridge 等人提出的扰动法，主要包括 Born 近似法和 Rytov 近似法；另一种是将其看成是一个最优化问题，以变分的方法求解，常用的有共轭梯度法、牛顿法、拟牛顿法、Levenberg-Marquardt 算法等。在实际成像过程中，我们能获取的探测器数据是有限的，而组织体的光学特性参数分布可以看成是由无限维函数所描述的，因而逆向问题的求解是一个极度病态的问题。因此无论使用哪种图像重建的算法，仍然需要结合一定的正则化技术来降低病态性的影响。

四、在生物医学研究中的实际应用

扩散光学层析成像技术由于具有无创、高特异性等优点，可定位组织中的血液动力学变化并为早期癌症诊断提供可靠的依据，在测量光学组织学参数、血液动力学参数、肿瘤诊断、治疗评估、生理活动监测等领域均有应用。1998 年，宾夕法尼亚大学(Pennsylvania University) 的 Chance 和 Anday 等人，发展了一种脑功能无损成像的新方法，实现了成人、早产和足月新生儿感觉运动和认知激活的快速脑皮层功能光学层析成像，成像时间在 30 秒内，二维成像分辨率小于 1 厘米。这为评估成人和新生儿脑功能不全提供了一个不需要固定且简单易得的途径。其后宾夕法尼亚大学的 Culver 和 Yodh 等利用大鼠中动脉阻塞(MCAO)中风模型，获得了包括相对脑血容量(rCBV)、组织平均血红蛋白氧饱和度(Sto2)、相对脑血流量(rCBF)等局部缺血的血液动力学和代谢参数的 DOT 图像，并从这些参数中计算出氧摄取分数(OEF)和局部脑氧代谢率(CMRo2)。计算结果显示在 MCAO 状态中由于血流的下降，rOEF 增加，rCMRo2 降低。最后将实验获得的局部缺血半影组织的 rCMRo2 与文献中微创 PET 和低温显微分光光度计的结果进行了比较，显示出了合理的一致性。同时观察到 rCBV 和 rCBF 测量结果表现出的流速-容量失配，这与文献中 MRI 观察结果一致。这些结果表明，DOT 可提供定量的、时间稠密的脑功能和病理成像，从而为治疗干预提供信息。伦敦大学学院(University College London) 的 Austin 和 Gibson 等人利用 DOT 成像来监测新生婴儿在受到感觉和运动刺激时脑部血液动力学参数的变化，成功获得了婴儿手臂被动运动带来的两侧运动皮层总血红蛋白的变化，且获取的图像中响应最大处与估计的运动皮层的平均距离为 10.8mm；同时通过该方法监测了健康早产儿和单侧脑室大范围出血的婴儿的局部血容量和血氧饱和度，在单侧脑室大范围出血的婴儿脑部相应区域有较低的血氧饱和度。这些结果都说明，扩散光学层析成像方法可用于监测婴儿脑部的血液动力学参数变化，实现脑部功能成像。德州大学阿灵顿分校(University of Texas at Arlington) Tian 等人，探究了人脑横向跨距和不同深度中的自发波动及其对反射式 DOT (rDOT)功能成像图像重建质量的影响，并根据波动的特点进行了自适应滤波和深度补偿。他们研究发现源于动脉脉动的高频(～1Hz)P 波在全脑分布且有一个小的频移同时时域相干，而源于血管舒缩的低频(～0.1Hz)M 波随着深度的增加逐渐失去相干性。针对这两种波动分别设计了相应的滤波器，并将应用深度补偿算法的 M 波滤波器用于活体手指敲击实验的脑皮层激活图像重建，实验结果清晰地表明这种方法能够最大程度地降低这些波动对重建带来的影响，能够获得更精确的定位和更高的图像质量。国内天津大学高峰教授小组在 2004 年开展了将 DOT 应用于脑皮层血液动力学研究的方法论和模型验证，之后在 2007 年通过二维的 DOT 成像监测了早产儿脑部的血液动力学参数变化，利用 16 通道的时间相关的单光子计数测量系统和基于广义脉冲谱方法的特殊重建算法，获得了早产儿对风刺激的反应所产生的血液动力学变化的初步图像，实验结果除血容量和氧含量的总体变化以外在生理学上均相吻合。这表明时间分辨的光学层析成像具有监测新生脑部神经发育的潜力。高峰小组还面向乳腺癌、宫颈癌等疾病，发展了基于形状的时域扩散光学层析成像系统。

参考文献

A. Bluestone, G. Abdoulaev, C. Schmitz,. 2001. Three-dimensional optical tomography of hemodynamics in the human head. Optics Express 9(6), 272-286

A. P. Gibson, J. C. Hebden and S. R. Arridge. 2005. Recent advances in diffuse optical imaging. Physics in Medicine and Biology 50(4), R1-R43

A. P. Gibson, T. Austin, N. L. Everdell, et al. 2006. Three-dimensional whole-head optical passive motor evoked responses in the tomography of neonate. Neuroimage 30(2), 521-528

B. Chance, E. Anday, S. Nioka, et al. 1998. A novel method for fast imaging of brain function, non-invasively, with light. Optics Express 2(10), 411-423

D. R. Leff, O. J. Warren, L. C. Enfield, et al. 2008. Diffuse optical imaging of the healthy and diseased breast: a systematic review. Breast Cancer Res Tr 108(1), 9-22

F. Gao, H. Zhao, Y. Tanikawa, et al. 2004. Optical tomographic mapping of cerebral haemodynamics by means of time-domain detection: methodology and phantom validation. Physics in Medicine and Biology 49(6), 1055-1078

F. H. Tian, H. J. Niu, B. Khan, et al. 2011. Enhanced Functional Brain Imaging by Using Adaptive Filtering and a Depth Compensation Algorithm in Diffuse Optical Tomography. IEEE T Med Imaging 30(6), 1239-1251

G. T. Quan, H. Gong, J. W. Fu, et al. 2010. Photon-Measurement Density Function of Fluorescence Molecular Tomography Based on Direct Method. Chinese Physics Letters 27(11), 119701-118701-3

G. T. Quan, H. Gong, Y. Deng, et al. 2011. Monte Carlo-based fluorescence molecular tomography reconstruction method accelerated by a cluster of graphic processing units. Journal of Biomedical Optics 16(2), 026018-026018-8

G. Xu, D. Piao, C. F. Bunting, et al. 2010. Direct-current-based image reconstruction versus direct-current included or excluded frequency-domain reconstruction in diffuse optical tomography. Applied Optics 49(16), 3059-3070

H. Dehghani, B. W. Pogue, S. P. Poplack, et al. 2003. Multiwavelength three-dimensional near-infrared tomography of the breast: initial simulation, phantom, and clinical results. Applied optics 42(1), 135-145

H. Dehghani, S. Srinivasan, B. W. Pogue, et al. 2009. Numerical modelling and image reconstruction in diffuse optical tomography. Philos Transact A Math Phys Eng Sci 367(1900), 3073-3093

H. Eda, I. Oda, Y. Ito, et al. 1999. Multichannel time-resolved optical tomographic imaging system. Review of Scientific

Instruments 70(9), 3595-3602

H. Zhao, X. Zhou, Y. Fan, et al. 2011. Near-infrared frequency domain system and fast inverse Monte Carlo algorithm for endoscopic measurement of tubular tissue. Journal of X-Ray Science and Technology 19(1), 57-68

J. P. Culver, T. Durduran, D. Furuya, et al. 2003. Diffuse optical tomography of cerebral blood flow, oxygenation, and metabolism in rat during focal ischemia. Journal of cerebral blood flow and metabolism : official journal of the International Society of Cerebral Blood Flow and Metabolism 23(8), 911-924

J. Ripoll, V. Ntziachristos, C. Cannet, et al. 2008. Investigating pharmacology in vivo using magnetic resonance and optical imaging. Drugs in R & D 9(5), 277-306

M. A. Franceschini, K. T. Moesta, S. Fantini, et al. 1997. Frequency-domain techniques enhance optical mammography: Initial clinical results. P Natl Acad Sci USA 94(12), 6468-6473

M. Schweiger, S. Arridge, M. Hiraoka. 1995. The finite element method for the propagation of light in scattering media: boundary and source conditions. Medical Physics 22(11), 1779-1792

S. Arridge, M. Schweiger, M. Hiraoka, et al. 1993. A finite element approach for modeling photon transport in tissue. Medical Physics, 20(2), 299-309

S. Fantini, S. A. Walker, M. A. Franceschini, et al. 1998. Assessment of the Size, Position, and Optical Properties of Breast Tumors in Vivo by Noninvasive Optical Methods. Appl. Opt. 37(10), 1982-1989

S. Fantinia, O. Schützb, J. Edlera, et al. 1999. Performance of N-Images and spectral features in frequency-domain optical mammography. in SPIE Technical Abstract Digest, SPIE Press, San Jose, CA

S. R. Arridge, M. Schweiger. 1995. Direct calculation of the moments of the distribution of photon time of flight in tissue with a finite-element method. Applied Optics 34(15), 2683-2687

S. R. Arridge. 1999. Optical tomography in medical imaging. Inverse Problems 15(2), R41-R93

T. Austin, A. P. Gibson, G. Branco, et al. 2006. Three dimensional optical imaging of blood volume and oxygenation in the neonatal brain. Neuroimage 31(4), 1426-1433

Y. Pei, H. Graber, R. Barbour. 2001. Normalized-constraint algorithm for minimizing inter-parameter crosstalk in DC optical tomography. Optics Express 9(2), 97-109

Y. X. Feng Gao, Huijuan Zhao, M. U. Takashi Kusaka, et al. 2007. Two-dimensional optical tomography of hemodynamic changes in a preterm infant brain. Chinese Optics Letters 5(8), 3

Y. Xu, N. Iftimia, H. Jiang, et al. 2001. Imaging of in vitro and in vivo bones and joints with continuous-wave diffuse optical tomography," Optics Express 8(7), 447-451

Y. Yao, Y. Wang, Y. Pei, et al. 1995. Simultaneous reconstruction of absorption and scattering distributions in turbid media using a Born iterative method. Experimental and Numerical Methods for Solving Ill-Posed Inverse Problems: Medical and Nonmedical Applications 2570, 96-107

第七节　光声层析成像

本章主要阐述光声成像的基本理论，根据对这些理论公式的不同变换便形成了各种针对组织形态特征的成像算法。近年来，在成像系统装置和特征病例的研究中，光声成像均取得了令人瞩目的研究进展。

光声效应首先由 Bell 等人于 1880 年发现，它是光声技术和光声成像的物理基础。早期发展的光声谱技术主要用于气体成分分析、混合物浓度测定等方面的工作，还应用于医药、化学、工程等分支学科研究中。直到 20 世纪 80 年代，Bowen 等人才将光声技术应用于生物组织成像中，后来经过 L. V. Wang 等小组的研究，光声成像技术有了很大的发展。当激光照射到生物组织时，光声效应、电致伸缩、汽化、孔穴效应等效应都能产生超声信号。但是当低能量的 ns 级脉冲光照射到生物样品时，光声效应是超声信号产生的主要机制，这也是目前研究光声成像的主要机制。当低能量的 ns 级脉冲光照射生物样品时，生物体对光子能量的吸收导致能量沉积，在脉冲光的持续时间远小于样品的热弛豫时间和压力弛豫时间时，即满足热限制和压力限制条件时，生物组织内的能量沉积导致体积膨胀产生宽频超声信号，通过对超声信号的探测，利用合适的图像重建算法可以精确重建出物体的能量沉积图，从而可以对物体的结构、功能进行成像。在光声层析成像中，脉冲激光照射整个待成像的生物组织区域，生物组织吸收光产生超声信号，用来接收产生的超声信号的单个超声探头或超声阵列探头按照侧向探测模式放置，利用图像重建算法得到组织的断层图像。

下面简单介绍光声成像理论的基本方程。当脉冲激光照射介质时，介质中的生色团对光的吸收导致能量沉积从而产生局部的温度变化，最终产生宽频超声信号，此时介质处在有源声场中，声场特性可以利用牛顿第二定律、质量守恒定律和描述压强、温度与体积等参数的物态方程来描述，得到介质的温度变化与声场中声压变化，即描述在非黏滞介质中光声波产生和传输的通用光声方程：

$$\nabla^2 p(r,t)-\frac{1}{c^2}\frac{\partial^2 p(r,t)}{\partial t^2}=-\frac{\beta\rho C_V}{C_p}\frac{\partial^2 T(r,t)}{\partial t^2} \tag{4-28}$$

式中 r、t 表示位置和时间，$p(r,t)$ 是 r 位置、t 时刻的压强，c 是光声信号在介质中的传播速度，β 为介质的热膨胀系数，ρ 是介质的密度，$T(r,t)$ 是 r 位置、t 时刻的温度。方程左边描述了声波的传输，方程后边表示的是源项。

当满足热限制条件时，此时温度变化 $T(r,t)$ 与能量沉积 $H(r,t)$ 有如下关系：

$$\frac{\partial T(r,t)}{\partial t}=\frac{H(r,t)}{\rho C_V} \tag{4-29}$$

式中 C_V 为介质的定容摩尔热容，$H(r,t)$ 是定义为单位体积和单位时间内热能量转换的热函数，关联着光能量的沉积。

将(4-29)式代入(4-28)式中可得：

$$\nabla^2 p(r,t)-\frac{1}{c^2}\frac{\partial^2 p(r,t)}{\partial t^2}=-\frac{\beta}{C_p}\frac{\partial H(r,t)}{\partial t} \tag{4-30}$$

式中源项和 H 的一阶时间导数有关。因此，时间不变的热不能产生光声波，只有时间变化的热才能产生光声波。

利用格林函数法对式(4-30)求解得：

$$p(r,t)=\frac{\beta}{4\pi C_p}\iiint\frac{\mathrm{d}^3 r'}{|r-r'|}\frac{\partial H(r',t')}{\partial t'} \tag{4-31}$$

式中 $t'=t-\frac{|r-r'|}{c}$。

又由于介质中的能量沉积 $H(r,t)$ 的时间变量和空间变量相互独立，可写为：

$$H(r,t)=H_r(r)H_t(t) \tag{4-32}$$

式(4-31)可变为：

$$p(r,t)=\frac{\beta}{4\pi C_p}\frac{\partial}{\partial t}\iiint\frac{\mathrm{d}^3 r'}{|r-r'|}H_r(r')H_t'(t') \tag{4-33}$$

该式为光声方程的通用前向解，对该公式的不同变换便形成了各种针对组织形态特征的成像算法。下面举例介绍其中一种光声图像的重建算法：基于样品和点源光声信号逆卷积的光声成像算法。

基于样品和点源光声信号逆卷积的光声成像算法，从理论上给出了样品光吸收分布投影和样品及点源光声信号的关系，通过样品光声信号和点源光声信号的逆卷积可直接计算出样品光吸收分布的投影，从而重建样品中的光吸收分布。该算法的优点是不需要考虑超声探测的脉冲响应，其中点源的光声信号可通过聚焦入射激光直接检测到。

假定介质内光强均匀分布，则 $H(r,t)$ 可写为

$$H(r,t) = A(r)I(t) \tag{4-34}$$

$I(t)$ 为入射激光的时间分布函数，介质的光吸收系数分布为 $A(\boldsymbol{r})$。并由式(4-28)～(4-34)，为了方便起见，取探测器的位置为坐标原点，即 $\boldsymbol{r}=\boldsymbol{0}$，同时去掉上标，有：

$$p(t) = \frac{\beta}{4\pi C_p}\iiint \frac{\mathrm{d}r}{r}A(r)I'\left(t-\frac{r}{c}\right) \tag{4-35}$$

将上式转换到球坐标中表示为：

$$p(t) = \frac{\beta}{4\pi C_p}\int\left(\frac{1}{r}\iint A(r,\theta,\varphi)r^2\sin\theta\mathrm{d}\theta\mathrm{d}\varphi\right)I'\left(t-\frac{r}{c}\right)\mathrm{d}r \tag{4-36}$$

令 $t' = r/c$ 即激光开始照射的时间定为时间零点，得到：

$$p(t) = \frac{\beta}{4\pi C_p}\int\left(\frac{1}{t'}\iint A(ct',\theta,\varphi)(ct')^2\sin\theta\mathrm{d}\theta\mathrm{d}\varphi\right)I'(t-t')\mathrm{d}t' \tag{4-37}$$

根据卷积的定义，$y(t) = \int_{-\infty}^{+\infty} f_1(\tau)f_2(t-\tau)\mathrm{d}\tau = f_1(t) * f_2(t)$，上式可写为：

$$p(t) = \frac{\beta}{4\pi C_p}\left[\left(\frac{1}{t}\iint A(ct,\theta,\varphi)(ct)^2\sin\theta\mathrm{d}\theta\mathrm{d}\varphi\right) * I'(t)\right] \tag{4-38}$$

由于激光开始照射时间定为时间零点，即 $r = ct$，$\iint A(ct,\theta,\varphi)(ct)^2\sin\theta\mathrm{d}\theta\mathrm{d}\varphi$ 可写为 $\iint A(\boldsymbol{r})\mathrm{d}S|_{|r|}=ct$，表示探测器为球心，以 $r = ct$ 为半径的球面上吸收系数的积分。在图像重建中，这样沿某个方向的积分称为沿这个方向的投影。那么，$\iint A(ct,\theta,\varphi)(ct)^2\sin\theta\mathrm{d}\theta\mathrm{d}\varphi$ 的意义为：吸收分布 $A(ct,\theta,\varphi)$ 在以探测器为球心，半径为 ct 的球面上的投影(如图 4-33 所示)。于是式(4-38)可写为：

$$p(t) = \frac{\beta}{4\pi C_p}\left[\left(\frac{1}{t}\iint A(r)\mathrm{d}S|_{|r|} = ct\right) * I'(t)\right] \tag{4-39}$$

另外，由一个点吸收体产生的声压 $p_p(t)$ 为：

$$p_p(t) = k\frac{1}{r_0}I'(t-\frac{r_0}{c}) \tag{4-40}$$

式中 k 是由点源的吸收及入射激光参数确定的系数，r_0 是点源到场点之间的距离，表明点源产生的光声信号仅取决于激光脉冲的时间分布函数 $I(t)$。

令 $p_0(t) = p_p\left(t+\frac{r_0}{c}\right) = k\frac{1}{r_0}I'(t)$，$p_0(t)$ 表示由点源发出的延时为 $-\frac{r_0}{c}$ 的光声压，则式(4-39)可写为：

$$p(t) = \frac{\beta_{r_0}}{4\pi C_p k}\left[\left(\frac{1}{t}\iint A(r)\mathrm{d}S|_{|r|} = ct\right) * p_0(t)\right] \tag{4-41}$$

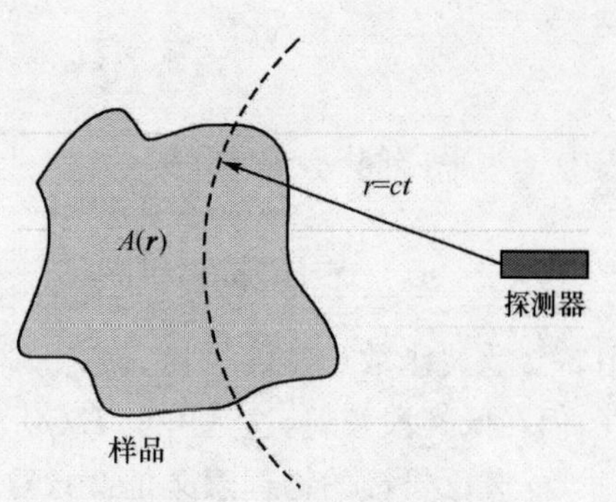

图 4-33　光吸收分布的投影

在实际探测中，由于超声探测器的带宽有限，因此实际探测到的光声信号 $p_d(t)$ 是实际产生的光声压

$p(t)$ 与探测器脉冲响应 $h(t)$ 的卷积：

$$p_d(t) = p(t) * h(t) \tag{4-42}$$

其中探测器的脉冲响应定义为：当输入为 Delta 函数时探测器的响应。将式(4-41)代入式(4-42)中有：

$$p_d(t) = \frac{\beta_{r_0}}{4\pi C_p k}\left[\left(\frac{1}{t}\iint A(r)\mathrm{d}S\big|_{|r|=ct}\right) * p_{d_0}(t)\right] \tag{4-43}$$

其中 $p_{d_0}(t) = p_0(t) * h(t)$，表示由点源产生的光声信号。上式表明，探测器实际探测到样品的光声信号等于用同样的探测器探测到的点源光声信号与样品光吸收分布投影的卷积。由于探测器是线性时不变系统，一个吸收体可以看作是点吸收体的集合，样品产生的光声信号是这些点吸收体产生的光声信号的线性叠加。从理论上来说，仅仅当探测器为点探测器，即探测器无方向性时，上式才成立。实际上，当探测器的探测面积远远小于探测距离时，探测器即可近似看作点探测器。

由式(4-43)可知，可以用样品光声信号和点源光声信号的逆卷积直接计算样品光吸收的投影 $\iint A(r)\mathrm{d}S\big|_{|r|} = ct$，而不需要知道探测器的脉冲响应，但必须测量一个由点源产生的光声信号 $p_{d_0}(t)$，方法是通过聚焦入射激光打到样品上，产生一个点源吸收体，探测器在点源后方直接测得 $p_{d_0}(t)$，而不考虑距离和时间的影响。也可以经逆傅里叶变换求得 $\iint A(r)\mathrm{d}S\big|_{|r|} = ct$：

$$\iint A(r)\mathrm{d}S\big|_{|r|} = ct = \oiint_{|r|=ct} A(r)\mathrm{d}r = \frac{4\pi C_p k t}{\beta r_0} IFFT\left(\frac{P_d(\omega)W(\omega)}{P_{d_0}(\omega)}\right) \tag{4-44}$$

式中 $IFFT$ 表示逆快速傅里叶变换，$P_d(\omega)$ 和 $P_{d_0}(\omega)$ 分别是 $p_d(t)$ 和 $p_{d_0}(t)$ 的傅里叶变换，$W(\omega)$ 是窗函数，使截断处缓变为零，避免产生 Gibbs 振荡。这里采用的是 Hanning 窗：

$$W(\omega) = \frac{1}{2}\left(1 + \cos\left(\frac{2\pi n}{N}\right)\right) \quad n = 0, \pm 1, \pm 2, \cdots, N \tag{4-45}$$

实验中采用的基本的图像重建算法是滤波反投影重建算法，这是电子计算机 X 射线断层显像最常用的算法之一。滤波反投影重建算法的实现，理论上要求滤波器的系统函数 $H(\rho) = |\rho|$，这是一个频带无限宽的滤波函数，这一理想滤波器是不可能实现的。实验中采用 S-L 滤波函数，它是用 sinc 函数作为窗函数，其频域和离散空域分别表示为式(4-46)和式(4-47)：

$$H(\rho) = \left|\frac{2B}{\pi}\sin\frac{\pi\rho}{2B}\right|\mathrm{rect}\left(\frac{\rho}{2B}\right) \tag{4-46}$$

式中 d 为采样间隔，$B = \frac{1}{(2d)}$，

$$h(nd) = \frac{-2}{\pi^2 d^2 (4n^2 - 1)} \qquad n = 0, \pm 1, \pm 2, \cdots \tag{4-47}$$

用 S-L 滤波函数重建的图像，其振荡响应较小，对含有噪声的投影数据，它的重建质量较好，但在低频段较差，这是由于 $H(\rho)$ 在低频段偏离了 $|\rho|$ 的缘故。

滤波反投影的物理意义是：由经过点 (r,θ) 的所有滤波后的投影的累加(反投影重建)，得出点 (r,θ) 的像素值。和直线投影不同的是，在光声成像中，投影数据是沿球面(三维)或

弧面(二维)得到的。在计算出光吸收分布投影 $\oiint_{|r|=a} A(r)\mathrm{d}r$ 和对投影采用 S-L 滤波函数后，就可以通过反投影和旋转探测实现光声层析图像的重建。

在可见光范围内，组织中主要的吸收色团是血红蛋白，因此可以利用光声成像技术对皮下、颅内血管血管进行成像，图 4-34 是利用光声显微成像技术，对小鼠皮下血管进行成像的结果。可以发现，光声成像技术能够获得高分辨率的皮下血管的三维成像结果。除此之外，光声成像也可用于脑血管网络的结构与功能成像。图 4-35 展示了光声显微成像对大鼠皮层血管在单侧颈动脉结扎时三维成像的结果。

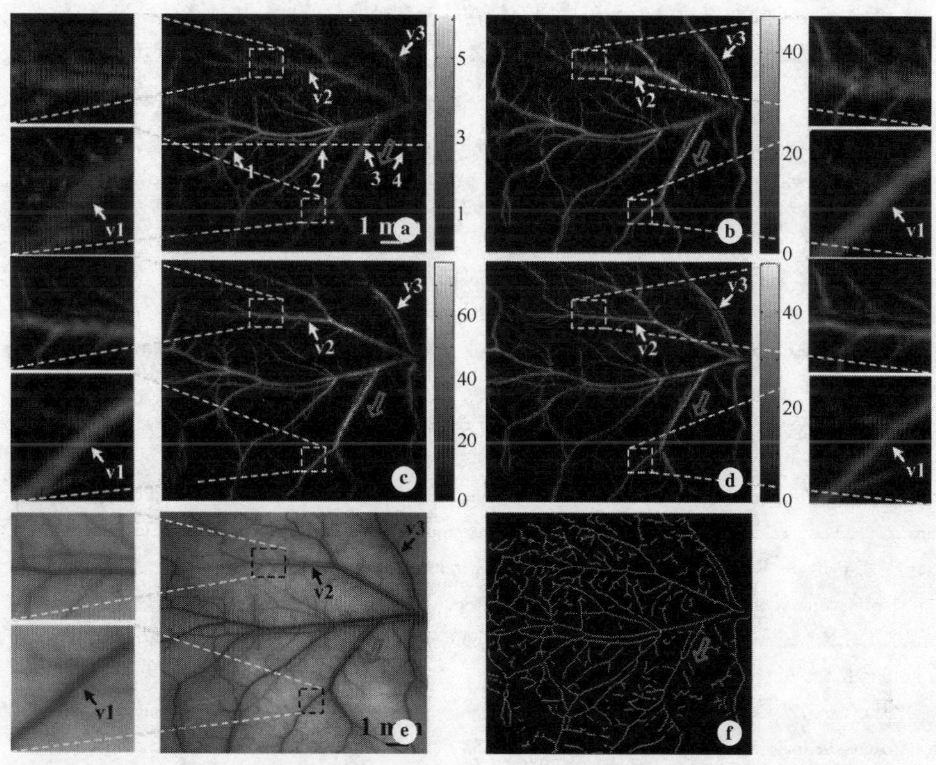

图 4-34　小鼠皮下血管在体实验结果

a. 小鼠背部皮下血管处于部分离焦情况下初始的光声显微成像最大值投影图，b、c、d 分别是小鼠背部皮下血管网络经过一维合成孔径运算、二维合成孔径运算及自适应合成孔径运算后的最大值投影图；e. 是利用体视显微镜拍摄的成像区域的血管网络实际分布图；f. 是提取的血管骨架

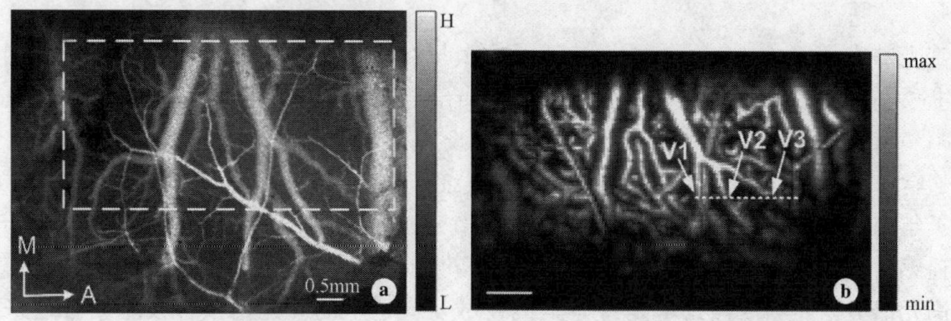

图 4-35　光声显微成像对大鼠皮层血管在单侧颈动脉结扎时三维成像的结果

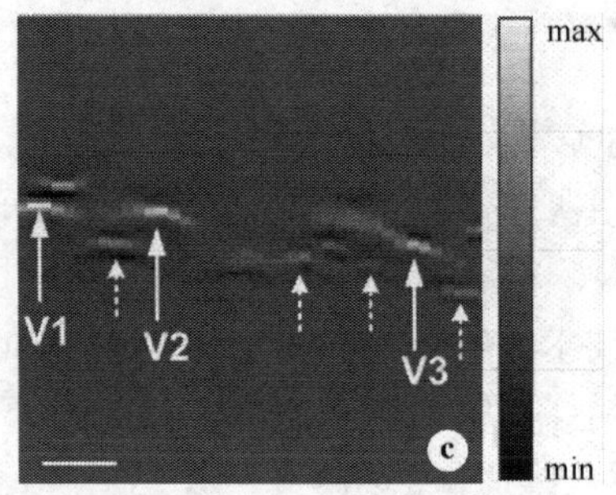

图 4-35　光声显微成像对大鼠皮层血管在单侧颈动脉结扎时三维成像的结果(续)

a. 大鼠局部脑皮层血管的激光散斑流速图像;b. 光声图像以及图中白色虚线标示位置;
c. B-Scan 光声图像,V1,V2,V3 为动态观察的血管

参 考 文 献

D. Razansky,M. Distel,C. Vinegoni,et al. 2009. Multispectral opto-acoustic tomography of deep-seated fluorescent proteins in vivo. Nature Photonics 3,412-417

G. J. Diebold,T. Sun,M. I. Khan. 1991. Photoacoustic monopole radiation in one,two,and three dimensions. Phys. Rev. Lett. 67,3384-3387

H. F. Zhang,K. Maslov,G. Stoica,et al. 2006. Functional photoacoustic microscopy for high-resolution and noninvasive in vivo imaging. Nat. Biotechnol. 24,848-851

H. Wang,X. Yang,Z. Wang,et al. 2012. Early monitoring of cerebral hypoperfusion in rats by laser speckle imaging and functional photoacoustic microscopy: J. Biomed. Opt. 17,061207

L. H. V. Wang,S. Hu. 2012. Photoacoustic Tomography: In Vivo Imaging from Organelles to Organs. Science 335,1458-1462

L. V. Wang. 2009. Multiscale photoacoustic microscopy and computed tomography. Nature Photonics 3,503-509

X. D. Wang,Y. J. Pang,G. Ku,et al. 2003. Noninvasive laser-induced photoacoustic tomography for structural and functional in vivo imaging of the brain. Nat. Biotechnol. 21,803-806

X. Q. Yang,X. Cai,K. Maslov,et al. 2010. High-resolution photoacoustic microscope for rat brain imaging in vivo. Chinese Optics Letters 8,609-611

Z. L. Deng,X. Q. Yang,H. Gong,et al. 2012. Adaptive synthetic-aperture focusing technique for microvasculature imaging using photoacoustic microscopy. Opt. Express 20,7555-7563

Z. L. Deng,X. Q. Yang,H. Gong,et al. 2011. Two-dimensional synthetic-aperture focusing technique in photoacoustic microscopy. J. Appl. Phys. 109

第八节　高光谱显微光学成像

高光谱成像(hyperspectral imaging)技术最早在遥感领域得到应用。例如,美国国家航天局提供机载可见红外成像光谱仪(airborne visible/infrared imaging spectrometer, AVIRIS)高光谱遥感数据,可用来评估作物生长和土壤碳储量、探测植物冠层叶绿素含量等。通常,高光谱遥感包括可见光、近红外和热红外波段,且要求光谱分辨率在 $\lambda/100$ 数量级。近年来,生物成像领域已发展出高光谱显微光学成像技术(hyperspectral microscopy),较之遥感领域的高光谱成像具有更高的空间分辨率。

高光谱显微光学成像技术是将显微镜技术与遥感中的高光谱成像技术结合起来。该技术不仅可以提供被检测样品的显微空间图像信息,还可以同时提供样品反射或透射的光谱信息,有助于对样品进行定性或定量分析。为此,在高光谱显微光学成像技术中,研究者可以获得每一个较窄波长下的目标物的显微空间信息，也即一帧二维图像；许多帧不同波长下的二维图像则构成了一个数据立方体，可以提供光谱信息。图 4-36 为高光谱显微光学成像中数据立方体示意图。

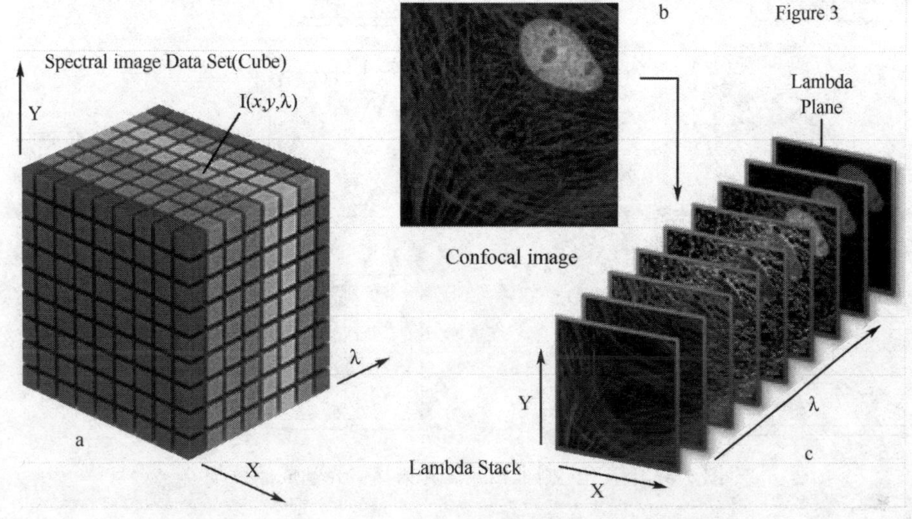

图 4-36　高光谱显微光学成像所获取数据立方体示意图

高光谱显微光学成像系统之所以能获得不同波长下的显微图像，是由于其系统光路中增加了分光器件。分光器件是高光谱成像系统的核心，也是区别于传统的显微光学成像系统的标志。目前，高光谱显微光学成像主要使用的分光方式为棱镜、光栅、声光可调谐滤光片(AOTF)和液晶可调谐滤光片(LCTF)。这四种分光方式各有其优缺点。棱镜、光栅的优点是造价较便宜，技术相对成熟，但其进行分光时有机械运动，因此使用这两种分光器件进行光谱扫描的速度就受到机械装置的限制，而 AOTF 和 LCTF 最大的特点就是不存在机械装置的运动，可以通过电压进行控制，因此其光谱扫描速度可以更快。由于经过这几种分光器件的出射光的带宽与入射光的波长的平方成正比，因此使用这几种分光方式必然导致在短波长范围的光谱分辨率较小，而在长波长的光谱分辨率有明显的增大。同时，分光器件的引入必然导致系统的光能利用率的降低。特别是，选用不同的分光器件，也会导致高光谱显微光学成像方式的不同。一般而言，基于 AOTF 和 LCTF 的系统采用波长扫描方式；而基于棱镜、光栅的系统则采用空间推扫方式，如图 4-37 所示。空间推扫式高光谱显微成像系统通常由分光计、面阵 CCD 相机、自动载物台、数据采集与控制模块等几部分组成。处于载物台上的样品某一个空间条带被成像于光谱仪的狭缝处，再经过光栅及棱镜分光组件后，在垂直样品条带方向按光谱色散，最后成像于 CCD 光敏面。CCD 光敏面平行于狭缝的一维称为空间维，垂直于狭缝的一维称为光谱维，空间维每一行光敏元上得到的是样品条带一个光谱波段的像，这样面阵 CCD 相机每帧图像便对应于一个样品条带的高光谱图像。自动载物台对样品进行推扫，就可以得到整个样本的二维图像及光谱数据。而波长扫描式高光谱显微成像系统往往不需要移动被测样品。

高光谱显微光学成像系统有 4 个主要性能参数：光谱范围、谱段数、空间分辨率、光谱分辨率。光谱范围主要根据处理的样品特性和分光方式确定，通常根据反射光吸收光谱的范

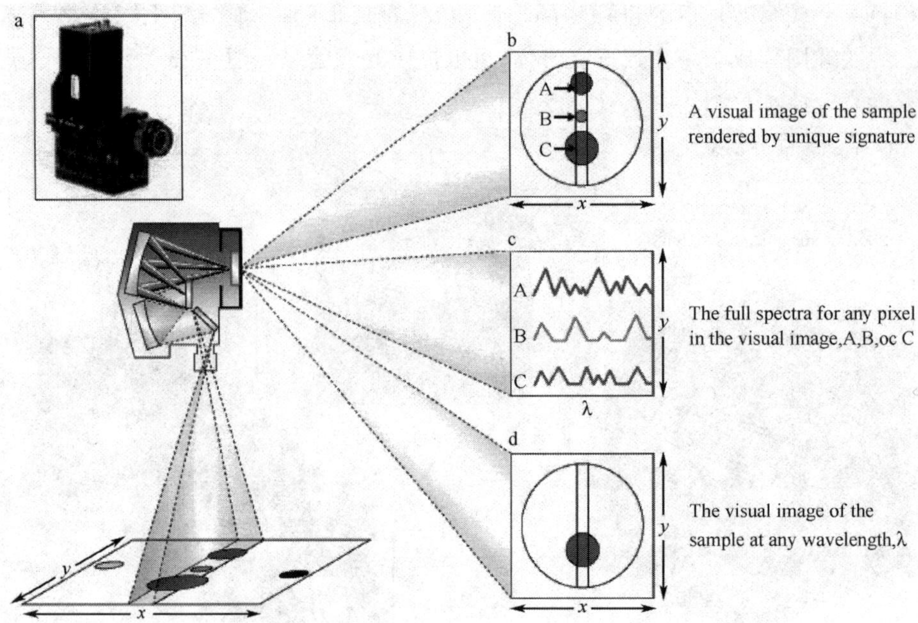

图 4-37　基于光栅推扫式高光谱显微光学成像系统

围或所激发的荧光光谱的范围来确定系统的工作光谱范围；谱段数是根据 CCD 面阵相机的光谱像元数确定；空间分辨率主要由显微物镜的数值孔径、放大倍率和 CCD 像元大小而定；光谱分辨率主要与分光系统的设计有关。特别地，对于空间推扫式高光谱显微光学成像系统，其空间分辨率还与自动载物台平动精度有关。鉴于高光谱成像系统具有优良的光谱特性，研究者综合光谱成像和共聚焦显微成像系统发展出了高光谱共聚焦显微成像系统，如图 4-38 所示。该系统可以对样品进行空间三维和光谱维的 4 维“切片”成像，能够提供更多的有用信息；在细胞样品研究中获得成功。此外，高光谱荧光显微成像系统也应运而生。

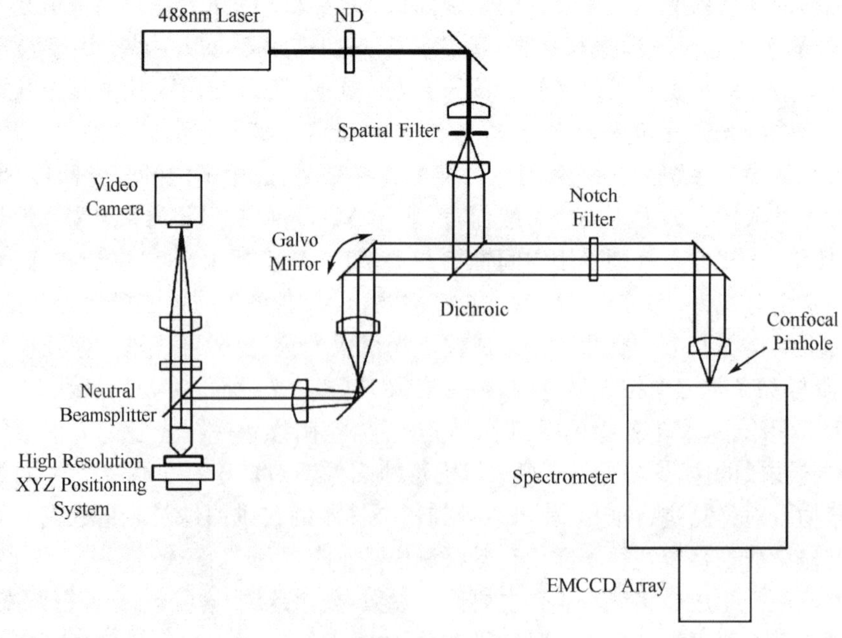

图 4-38　高光谱共聚焦显微系统原理图

2008 年，美国 Headwall Photonics 公司推出了一种新的成像系统 Hyperspec Starter Kit。该装置可实现高光谱显微光学成像，使研究人员能将反射和荧光光谱学的原始分析结合起来，可用来检测水果和蔬菜品质、药物质量和细菌污染等。近年来，高光谱显微成像被认为是生物研究、食品质量和安全监控的新兴技术已被广泛应用，前景广阔。

参考文献

D. Bannon. 2009. Cubes and slices，Nature photonics，3：627-629

http://zeiss-campus. magnet. fsu. edu/articles/spectralimaging/introduction. html

L. Bei，G. I. Dennis，H. M. Miller，et al. 2004. Acousto-optic tunable filters：fundamentals and applications as applied to chemical analysis techniques. Progress in Quantum Electronics 28：67-87

M. B. Sinclair，D. M. Haaland，J. A. Timlin，et al. 2006. Hyperspectral confocal microscope. Applied Optics 45：6283-6291

R. D. Driver，K. Didona. 2009. On-line high-speed NIR diffuse-reflectance imaging spectroscopy in food quality mornitoring. Proc SPIE，，7315：73150J-1-8

苏星，田维坚，张淳民. 2006. 显微成像光谱仪技术的研究及应用，光学技术. 32：729-731

童庆禧，张兵，郑兰芬. 2006. 高光谱遥感——原理、技术与应用. 北京：高等教育出版社

第五章

放射性核素成像方法及进展

第一节 放射性核素成像方法综述

一、主要方法基本原理

(一) 正电子发射断层成像

放射性核素成像方法是基于示踪剂原理和辐射探测技术发展而成的生物成像方法。正电子发射断层成像(positron emission tomography,以下简称 PET)是一种非侵入性的造影方法,能无创、定量、动态地评估人体内各种器官的代谢水平、生化反应、功能活动和灌注。作为当今核医学诊断和研究的尖端技术,PET 是一种对生化反应非常敏感的造影技术。由于任何疾病的先兆在本质上主要是生化的,许多疾病在解剖发生改变和医学症状变得明显之前就能够被 PET 探测出来。这造就了 PET 在重大疾病的预防和治疗中独特的应用价值,即能够对肿瘤、心脏系统疾病和神经系统疾病进行早期诊断和分期。

正电子发射断层成像将正电子放射性核素(如^{11}C,^{15}O,^{18}F 等)标记于分子探针上,正电子在湮灭后发出的一对能量为 511KeV、运动方向近似相反的 γ 光子。PET 采用环绕生物体的环形位置灵敏辐射探测器将入射的 γ 光子转换为电信号,从而获得其位置和时间信息。通过湮灭符合技术,可以获得湮灭事件所在的响应线位置,并通过二维或三维断层重建算法获得正电子核素在人体中的分布,从而在体外观测生物体内的生理和生化过程。正电子核素或其化合物可标记于多种分子靶体中(如细胞、受体、抗体、多肽、神经递质、基因片断等),通过代谢成像、受体成像、基因表达成像等多种手段提供分子成像信息。与其他分子成像手段相比,以 PET 和单光子发射断层成像(single positron emission computed tomography,以下简称 SPECT)为代表的核素成像方法具有高灵敏度($<10^{-10}$ mol/L)、高探针特异性和准确定量化成像的优势,是分子生物成像的重要手段。

现代用于分子成像的小动物 PET 系统,多采用多层环状结构,工作于 3D 数据采集模式(不同探测器环直接可进行符合探测)以提高探测效率(典型值为 2%~4%)。其视野可适应对灵长类动物(如猴)和啮齿类动物(如兔、大鼠、小鼠等)的成像,空间分辨率可达 1~2mm。目前,主流 PET 系统采用以 LSO、LYSO 等"快"闪烁晶体作为闪烁探测器材料,与传统的 BGO 晶体相比,其发光时间短,光产额高,从而可以提高最大计数率和对更精细的晶体切割单元的分辨能力。切割的晶体模块与光电倍增管阵列、位置灵敏光电倍增管或雪崩型二极管等光电读出器件耦合以获得二维位置读出信号。另外,具有高空间分辨率和能量分辨率的半导体探测器(如 CZT 等)也应用在 PET 成像中。由于探测到的符合事件具有明显的统计涨落特性,通常采用基于统计模型的迭代重建算法将 3D 符合投影正弦图数据重建成放射性活度分辨图像。常见的重建算法包括基于简单重排或傅里叶重排的 2D 滤波反投影(filtered back projection,以下简称 FBP)或有序子集最大似然(Ordered subset expectation maximization,以下简称 OSEM)重建的 2D 重建算法,及 3D 模式的三维反投影(3D reprojection,以下简称 3DRP)解析重建算法和全 3D OSEM 或最大后验估计(maximum a posterior,以下简称 MAP)迭代重建算法。PET 重建图像经过定量化校正后,可进行标准摄入量(standardized uptake value,以下简称 SUV)分析(代谢显像)或对动态图像进行输入函数特征参数分析等。

(二) 单光子发射断层成像

SPECT 对单光子放射性核素(如^{99m}Tc、^{111}In、^{201}Tl、^{123}I 等)进行成像。与符合湮灭探测不同,SPECT 利用吸收准直器限制光子入射探测器的方向以获取其位置信息。为了进行高分辨率小动物成像,现代小动物 SPECT 成像系统多采用针孔型准直器,利用针孔成像的放大效应获得比探测器固有分辨率更佳的位置分辨能力。为了减小针孔边缘传统效应对分辨率的影响,针孔准直器通常用高原子序数和高密度的材料(如钨)制成。国际上先进的小动物成像系统可在 3cm 左右的视野(对小鼠成像)内达到 0.5～1mm 的空间分辨率。由于针孔准直器阻挡了绝大部分入射光子,SPECT 的探测效率要远远小于 PET(典型值为 0.001%～0.01%),且针孔成像具有固有的轴向采样不均匀问题,因而通过增加针孔数目,采用多针孔成像技术提高 SPECT 探测效率和采样完备性成为 SPECT 关键技术之一,也可通过采用其他准直器设计方案,如缝-槽式(slit-slat)准直器来解决这一问题。SPECT 探测器需要有大探测面积(以适应高放大倍数)或高固有空间分辨率。典型设计如 NaI(Cl)或 CsI(Cl)切割晶体阵列耦合位置灵敏光电倍增管,其固有分辨率可达 1～1.5 mm。硅微条探测器(应用于低能^{125}I 成像)、CZT 探测器也常见于 SPECT 设计中。将通过气相沉淀工艺制造的微柱 CsI 探测器与高分辨率 EMCCD 读出器件耦合,可以达到 0.45 mm 的固有空间分辨率。由于针孔成像系统的图像重建是全 3D 重建问题,通常采用 3D OSEM 或极大似然估计—期望最大化(maximum likelihood-expectation maximization,以下简称 MLEM)方法进行图像重建,并在重建传输矩阵中对针孔的光子响应特性进行精确建模。SPECT 可以在数小时至数天的时间尺度上监测生物过程,因而在观测诸如细胞分裂或内源性抗体变化等过程中具有更广泛的应用价值。

二、各自优点和不足

得益于基于湮灭符合探测的电子准直技术,PET 成像具有相当高的探测效率,从而有利于获得较高的图像信噪比,提高诊断精度,尤其是对实现全身成像,观察短变化的动态过程有明显的优势。但是,受到正电子湮灭物理过程的制约,PET 的理论空间分辨率受到正子范围(positron range)和正电子残余动量导致的湮灭光子的非共线性(non colinearity)的制约,不可能无限提高。PET 极限空间分辨率取决于探测器固有空间分辨率、正子范围、γ 光子非共线性等因素,但现有小动物 PET 系统所实现的空间分辨率(1～2mm)距离其理论极限值(对^{18}F,15cm 孔径系统约为 0.5mm)仍有一段距离。对于诸如小鼠脑成像等应用,进一步提高分辨率具有重要意义。目前,PET 的图像分辨率主要受到作用深度(depth of interaction,以下简称 DOI)效应和晶体尺寸的制约。

现有 SPECT 系统依靠针孔放大作用达到了比 PET 更好的空间分辨率(0.5～1mm),

且其空间分辨率没有理论极限。但是，针孔成像特性决定了当空间分辨率提高时，其探测效率急剧下降，因此如何取得空间分辨率和探测效率的最优折中是现代 SPECT 系统研发的最大挑战。采用多针孔设计方案可以提高空间分辨率，但是尚无有效的精确方法可以指导多针孔准直器的优化设计。当针孔数目过多时，混叠(overlapping)效应的出现导致分辨率下降和出现伪像。此外，现有的小动物 SPECT 成本过于高昂，在很大程度上影响了 SPECT 在分子成像中的应用普及程度。

三、改进的方向和途径

PET 系统的空间分辨率提升可以通过两条途径来实现：①测量 DOI 信息，例如，采用多层复合晶体设计，根据不同闪烁晶体的信号宽度区分事件所在深度，或者分别在晶体两端放置 APD 等光电读出器件以同时测量三维方向上的事件位置信息。②采用更精细的晶体切割技术可以提高几何分辨率。然而，系统空间分辨率并不会随着晶体尺寸的减小而无限制地提高。当晶体尺寸小于 1mm 后，由于尺寸减小而带来的光通量下降，信噪比变差使得光电读出器件难以分辨晶体阵列。并且，晶体越细，同等面积的晶体探测模块的有效探测面积越小，从而导致探测灵敏度下降。

SPECT 系统性能提升的主要改进方向是：①进一步改善空间分辨率和探测效率间的折中，在不使分辨率变差的前提下，通过优化设计多针孔准直器提高探测效率，提高成像信噪比。②提高成像系统的灵活性。通过定制不同的准直器，在同一套 SPECT 系统上既能实现小视野、高分辨率的小鼠成像，也能对大鼠等需要更大视野的动物进行成像，并在满足空间分辨率需求的前提下进行高探测效率的动态成像。

四、PET 探测器和电子学

(一) PET 探测器

1. 晶体的特性和应用 闪烁晶体的材质决定了 γ 光子转化为可见光光子的光输出量、光子的波长、光脉冲的衰减时间常数等特征，此外，闪烁晶体的材质还决定了闪烁晶体对 γ 光子的阻滞能力，进而会影响到 PET 探测器的灵敏度。

应用于 PET 探测器的理想闪烁晶体需要具有以下特性：①较高的密度和原子序数，能够使探测器达到较高的灵敏度；②较高的光输出量，使探测器能够达到较高的能量分辨率和空间分辨率；③衰减时间常数较短，有利于探测器达到较好的时间分辨率和较高的计数率；④输出光子波长在 420nm 左右，与 PMT 等光电器件耦合能够达到较高的转化效率；⑤不潮解、不易碎，易于加工成探测器所需要的结构和尺寸；⑥价格便宜。

目前，应用于 PET 系统的闪烁晶体主要有 BGO、LSO、LYSO 等。

BGO 是早期 PET 系统使用较多的一种闪烁晶体，密度较高($7.13g/cm^3$)，对 γ 光子具有较强的阻滞能力，易于获得较高的灵敏度，而且易于生产，价格低廉，不潮解，容易加工。然而，BGO 晶体的光输出量较低，仅为 8500photons/MeV(大约为 LSO/LYSO 的 20%)，因此很难达到比较理想的能量分辨率。此外，BGO 晶体的衰减时间常数也较长(300ns)，不利于提高时间分辨率和降低系统死时间。虽然 BGO 在早期的 PET 系统中广泛应用，但在 LSO 出现后逐渐被 LSO 和 LYSO 所代替。

LSO 是 CTI/Siemens 研制的一种闪烁晶体，是目前最适合 PET 应用的闪烁晶体之一，目前 CTI/Siemens 的 PET 系统均使用了该闪烁晶体。LSO 的密度较高（7.4g/cm^3），具有较高的光输出量（30 000photons/MeV）、较短的衰减时间常数（40～47ns），输出光子的波长（420nm）与 PMT 匹配较好。其缺点主要在于熔点较高（～2150℃），导致 LSO 晶体的生产较为困难，价格较 BGO 昂贵。

LYSO 是一种性能几乎和 LSO 完全相同的闪烁晶体，但它的熔点约为 2050℃，略低于 LSO，更容易生产，因而在很多场合都能替代 LSO 使用。

GSO 是 2006 年以前 Philips PET 上使用的闪烁晶体。GSO 的密度为 6.7g/cm^3，对 γ 光子的阻滞能力要弱于 BGO 和 LSO，衰减时间较短（60ns），能够获得比较好的时间分辨率。但是，GSO 光输出量很小，仅为 8000photons/MeV。而且，GSO 晶体非常容易裂，加工时需要采用特殊工艺进行切割，探测器的日常维护工作也因此变得更困难。2006 年以后，Philips 公司采用 LYSO 晶体替代了 GSO。

其他的一些闪烁晶体，由于存在一些明显的缺点，使得在 PET 的应用上受到了极大的限制。例如 NaI，其优点在于具有很高的光输出量（40 000photons/MeV），能够获得较好的能量分辨率，而且 NaI 容易生长，生产成本很低。NaI 最显著的缺点在于它的密度较低（3.67g/cm^3），对 γ 光子阻滞能力较弱，如果要使探测器达到与 BGO 相同的灵敏度，NaI 晶体厚度至少需要达到 BGO 晶体的 3 倍，而晶体厚度的增加会加重 PET 成像中的视差错误（parallax error）。NaI 的这些性能特征使得它在 PET 领域的应用受到了限制，但依然广泛地应用于 SPECT 中。

2. 晶体的处理方法　晶体的处理方法将影响 PET 探测器的固有空间分辨率和灵敏度。

提高探测器的固有空间分辨率——主要通过两种途径提高探测器的空间分辨率：

(1) 切割成更薄的晶体：理论上，探测器的固有空间分辨率为晶体中心间隔距离（pitch）的 1/2。但是，PET 系统的空间分辨率并不等于探测器的固有空间分辨率，它还受到正电子自由程、γ 光子非共线性等因素的影响，PET 系统空间分辨率并不能随着晶体尺寸的减小而无限地提高。当晶体尺寸小于 1mm 后，切割出更细小的晶体对提高 PET 系统空间分辨率影响十分有限，相反，尺寸减小后光子通量下降，信噪比变差使得后端光电器件得读出电路更难准确分辨切割晶体单元，而加工难度和制作成本却会急剧的增加。并且，更细的晶体潜在的缺点是降低晶体的包装分数（package fraction），从而降低探测器的灵敏度。

(2) 使用多层晶体获取 DOI 信息：采用 DOI 信息能够减轻晶体之间的视差错误。多层晶体一般采用两种耦合方式，如图 5-1 所示（以两层晶体为例）。

图 5-1　多层晶体的两种耦合方式

a. 两层晶体对齐耦合；b. 两层晶体相差半格耦合

1) 各层采用不同类型的晶体，且晶体对齐耦合，如图 5-1a 所示。由于不同类型晶体的光输出脉冲形状不同(衰减时间不同)，因而，可通过光输出脉冲形状进行甄别，以确定 γ 光子与晶体相互作用的深度。

2) 各层晶体的中心位置均有一定的偏移，如图 5-1b 所示。各层可采用相同类型的晶体，也可以采用不同类型。该设计中，γ 光子与晶体相互作用的深度通过位置谱区分(各层采用不同类型晶体时仍可采用与第一种耦合方式相同的方法获得 DOI 信息)。

从本质上来讲，这两种途径都是在提高探测器之间的 LOR 密度，从而提高探测器固有分辨率。

提高探测器的灵敏度——从晶体处理角度获得高的探测器的灵敏度主要从提高包装分数着手，目前主要采取两种方式：①采用更薄的反光膜，增加晶体的有效探测面积，从而提高探测器的灵敏度；②采用连续探测器，使用 APD、SiPM 等小型光电转换器件，耦合大块连续未切割的闪烁晶体，能够获得几乎为 1 的包装分数。该方法目前仍在评估研究中。

3. 光电检测器件

(1) PMT：光电倍增管(photomultiplier tube，PMT)是一种电真空器件，其工作原理是建立在光电效应、二次电子发射和电子光学的理论基础上。当光子入射到光阴极上产生光电子，光电子通过电子光学系统(聚焦系统)进入倍增系统，电子得到倍增，再通过阳极把电子收集起来，形成阳极电流或电压输出。通常，一个 PMT 可以分为五个部分：入射光窗、光电阴极、电子光学输入系统、二次电子倍增系统和阳极。PMT 具有低噪声、高增益和价格便宜等特点。但是，它受诸如温度、湿度、磁场等周围环境的影响较大。例如，地球磁场对其增益就有不可忽视的影响，当医用移动式 PET 转场时，需要重新对 PMT 增益进行全面校正就是这个原因。

(2) PSPMT：位置敏感型光电倍增管(position-sensitive photomultiplier tube，PSPMT)是一种可分辨微弱入射光注入位置的光电转换器件，与通常的 PMT 不同的是电子倍增器用近贴式的栅网状倍增极做成，各极间二次电子的飞行空间很小。由光阴极发射的光电子在倍增极间倍增(整个增益在 10^5 以上)，再由末级倍增极(反射型)反射出来的二次电子用两层交叉的丝型阳极(十字丝网型阳极)读取。从末级倍增极发射的电子群打到 X、Y 两方向的丝状阳极上，沿 X1、X2、Y1、Y2 方向分流。从十字丝状阳极出来的输出电流经放大、模/数(A/D)转换后，在计算机内进行数字运算，求出重心，进而可得到入射光的位置坐标。由 PSPMT 构成的探测器不仅具有较高的空间分辨率和非常好的时间分辨率，而且具有实现简单、容易校正的特点。但是 PSPMT 的灵敏面积周围有很大的死区，如果要组成一个完整的环状 PET 探测系统，就要求采用面积较大晶体并通过光导或光纤与阴极面耦合；同时光阴极灵敏度不太均匀，这都给区分有效的光电作用、康普顿散射，还有噪声信号增加了难度；而且目前 PSPMT 由于价格昂贵，也很难应用于医用 PET 和 SPECT 系统。

(3) APD：雪崩光电二极管(avalanche photodiodes，APD)是利用类光电效应探测光信号的器件，在 APD 两端加上反向偏置电压，光子被 APD 的吸收层吸收并产生光电子，光电子在电场的作用下进入耗尽层并被加速，高速运动时与晶格发生碰撞产生新的电子空穴对，新的电子空穴对在电场作用下被加速并再次与晶格发生碰撞产生更多的电子空穴对，如此反复形成雪崩倍增，将信号电流放大。APD 具有对磁场不敏感、体积小、结构稳固紧密、工作电压低和价格便宜等特点。但是基于 APD 的探测器与基于 PMT 的探测器相比要求更高的电源控制精度和低噪声的电子学部分，而且 APD 的增益较低(10^4左右)，时间性能较差，且其增益受温度变化影响较大。目前，APD只在小动物PET实验系统中将其作为光电转换器件，临床PET系统中并没有采用该方案。

(4) PSAPD：雪崩光电二极管位置敏感型(position-sensitive avalanche photodiodes，以下简称PSAPD)是利用平面APD技术制成，更改了APD后端连接电路，其多阳极流出电流携带了位置信息。PSAPD除了拥有APD具有的优势以外，最大优势是电子学读出通道要求较少(相对于同等面积的APD阵列)。但是由于增益较低等因素，PSAPD也还处在试验阶段，难以在临床PET系统中应用。

4. 晶体与光电转换器件耦合方式

(1) Block Design：早期的PET探测器多采用闪烁晶体与光电倍增管单耦合的结构方式。这种耦合方式不仅极大限制了系统的空间分辨率和探测灵敏度，而且电子学通道数和光电倍增管数量将随着闪烁晶体的使用数量成比例增加，从而导致建造成本的增加。目前，PET系统探测器多采用晶体阵列与PMT耦合(block design)的结构形式，即将大块连续晶体切割成小的晶体条，再由晶体条组成晶体阵列，构成一个模块，然后与若干个(通常为四个)光电倍增管耦合，其耦合方式如图5-2a所示。该方案采用光共享技术来确定γ光子与闪烁晶体发生反应的位置。当γ光子入射到闪烁晶体时，它们相互作用产生荧光，四个光电倍增管同时接收到这些光信号并将其转化为相应的电信号输出，最后根据四个PMT输出信号的大小，利用安格逻辑(Anger logic)可以计算出γ光子的入射位置。使用该方案建造的PET探测器不仅价格合理，而且能够紧密组合排列构成多环系统。

(2) Quadrant-Sharing：Quadrant-sharing设计方式是对Block Design的一种改进。对于给定数量的闪烁晶体，使用Quadrant-Sharing耦合方式可以极大减少光电倍增管的使用数量，进而减少PET探测器的建造成本。Quadrant-Sharing设计中，一个晶体阵列耦合四个光电倍增管各自的四分之一区域，其耦合方式如图5-2b所示。该耦合方式通过四个PMT信号的大小确定γ光子的入射位置。该方法应用于大面积探测器时可以节省PMT，大大的降低成本，不过其提高了电子学复杂度。标准块耦合的Crystal/PMT(闪烁晶体数目与光电倍增管数目的比率)是16∶1，而Quadrant-Sharing方法可以达到49∶1。但是，由于每个PMT耦合四块晶体阵列的各自 四分之一区域，因此Quadrant-Sharing耦合方式下的任何一个晶体模块发生反应，都将抑制其他临近(8个)晶体模块区域的反应。相比之下，标准块耦合下的一个晶体模块发生反应，只会影响一个晶体模块区域。因此Quadrant-Sharing耦合方式的死时间会比标准块耦合的要高。

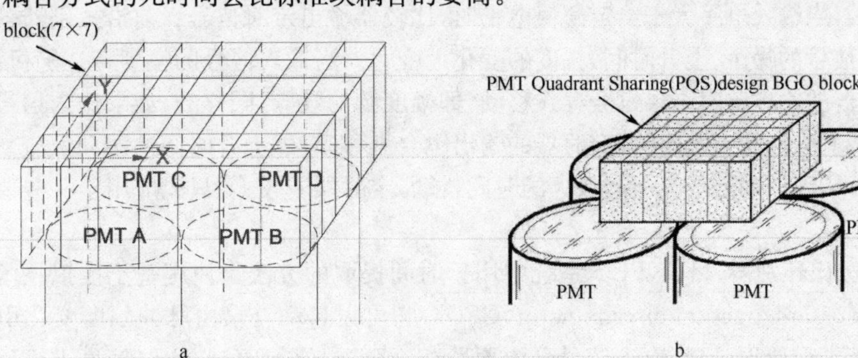

图5-2 晶体的两种耦合方式

a. block design晶体与光电转换器件耦合；b. Quadrant-Sharing晶体与光电转换器件耦合

（二）PET 电子学

1. 数据处理信号流程 PET 电子学电路对光电倍增管输出的电脉冲信号进行预放大、滤波、放大和模数转换等处理后，得到 γ 光子的位置信息（position）、能量信息（energy）、时间信息（time）和作用深度信息（DOI）。其中能量信息、时间信息分别用来进行能量符合判断和时间符合判断。而位置信息和 DOI 用来获取系统响应线（line of response，LOR）。图 5-3 所示为一个典型 PET 系统的基本电子学组件的结构框图。

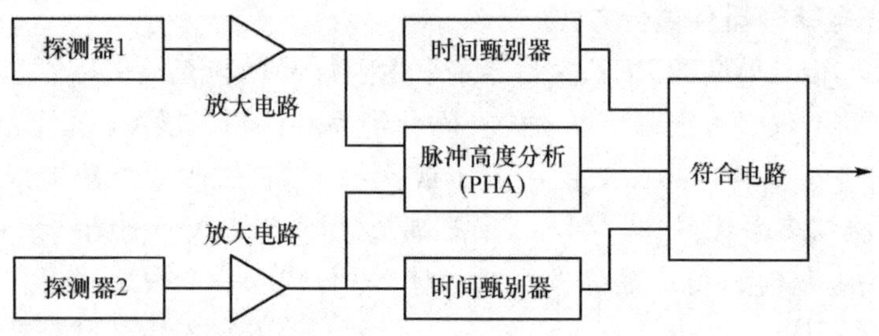

图 5-3 PET 系统的基本电子学组件

由探测器输出的模拟信号，经放大电路进行滤波，放大。该电路的输出信号，一路送至脉冲幅度分析器（pulse height analysis，PHA）电路来选择符合能量范围的脉冲；另一路送至时间甄别器得到符合判断的时间信息，再由符合电路进行时间符合和能量符合。而时间符合判断是为了一定程度上鉴别随机事件，如果一对 γ 光子到达时间之差小于符合处理电路预先设定的时间窗（通常为 8～12ns），则这对光子被认为是源于同一次湮灭事件；反之，这对光子被认为为随机事件，它的信息将被抛弃。能量符合也是为了在一定程度上鉴别散射事件，通过检测电脉冲幅值或电脉冲所携带电荷量是否在符合电路预设值范围之内来进行符合判断，在一定程度上防止发生散射的 γ 光子信息进入后端处理电路。

2. 时间符合电路 在 PET 电子学中通过使用时间提取（time pick-off）电路，获得 γ 光子与闪烁晶体相互反应的时间。时间提取电路给脉冲加上时间戳（time stamp），然后将其送至符合电路进行时间符合判断。传统中用于时间提取的技术主要有：

（1）前沿检测：最简单最直接的时间提取方法是前沿甄别器（leading edge discriminator，LED），其工作原理是：使用快速电压比较器将输入电压与预先设定的固定电平（甄别阈值）相比较，当输入电平大于给定阈值电平时，比较器输出定时信号。前沿甄别器输出信号会随输入信号的噪声、上升时间、幅度的变化而变化。当输入信号的幅度存在随机涨落时，前沿甄别器的输出定时结果也会存在移动，即幅度游动效应；同样的，如果输入信号的形状有所差异，上升时间有涨落时，定时器的输出也会有移动，即上升时间的游动效应。采用前沿甄别器，幅度游动效应会引起较大的时间抖动，定时误差较大，只能应用于一些要求不严格的场合。

（2）恒比甄别器：目前，PET 系统中用于时间提取的方法是使用基于模拟技术的恒比甄别器（constant fraction discriminator，CFD），它可以自动补偿由脉冲幅度变化引起的时间抖动，其工作原理是：将输入信号分为两路，一路信号进行衰减，一路信号进行反向延迟相加，产生的过零点为定时点。恒比甄别器能够克服幅度变化引起的时间抖动，并且能保证触发比恒定。

无论是前沿甄别器，还是恒比甄别器都必须在应用专用集成电路（application specific intergrated circuits，ASIC）上实现，而且都需要一个辅助电路将触发产生的定时脉冲转换为时间戳，以便后续电路对其进行处理。

随着半导体技术的进步和数字电路技术的成熟，运用数字时间间隔测量技术进行脉冲时间信息的提取，可以有效提升时间分辨率。因此相对于模拟测量方法，数字测量方法越来越流行，尤其是复杂可编程逻辑器件（complex programmable logic device，CPLD）、现场可编程门阵列（field programmable gate array，FPGA）和 ASIC 技术的进步，数字测量电路更容易集成化、模块化和小型化。

3. 能量甄别电路 经放大器积分放大的脉冲信号，送至 PHA 进行甄别，选择待处理事件的能量范围。PHA 能对线性放大的输出脉冲进行幅度筛选。其工作原理是：输入脉冲同时加到上阈甄别器和下阈甄别器上，下阈甄别器的阈值记为 V_0伏，上阈甄别器的阈值记为 $V_0+\Delta V$ 伏，ΔV 即为能窗宽度。只有当输入脉冲幅度高于上/下阈甄别器所设电平值时，甄别器才输出脉冲。上、下甄别器的输出脉冲经整形后再送入反符合电路。反符合电路是一种对同时性事件相斥的电路，在只有下阈甄别器的输出脉冲，而同时上阈甄别器没有输出脉冲时，反符合电路才给出输出脉冲。因此，脉冲幅度分析器将选定的下阈甄别器和道宽范围内的脉冲选出，并记录下来供后续电路处理。

4. 位置计算电路 位置计算电路的核心是通过重心法来获取入射 γ 光子与闪烁晶体阵列模块发生反应时的位置信息。

当 γ 光子入射到闪烁晶体上时，与晶体相互作用产生荧光。晶体块耦合的各个 PMT 同时接收来自晶体块输出的可见光，并将其转换成电信号脉冲输出；这些脉冲分别由积分放大电路进行积分，然后由模数转换器（analog-to-digital converters，ADCs）进行采样，获取各路信号的积分能量值。根据各个 PMT 输出信号的大小（表现为各路信号的积分能量值），可采用重心法计算出 γ 光子入射位置。

五、SPECT 探测器和电子学

（一）SPECT 探测器

1. 准直器 SPECT 通过准直器对探测器接收的 γ 光子进行约束，使得来自空间不同部位的 γ 射线照射到闪烁晶体的特定位置上，从而实现空间定位，如图 5-4 所示。准直器的性能参数直接决定着系统的探测灵敏度和空间分辨率。准直器是 SPECT 中极为重要的部分。

根据准直器孔型设计的不同，准直器可分以下四种：

(1) 平行孔型准直器（parallel hole collimator）：平行孔型准直器的铅板上有成千上万个轴线互相平行的细长准直孔，每个孔限定了一个很窄的方向锥，只让这个方向上的 γ 光子进入闪烁体，从而把三维的放射性药物分布投影成 1∶1 的二维图像。它的视野等于探头尺寸，随着物体远离准直器，分辨率逐渐变差，但在不同深度上的空间分辨率变化不大。平行孔准直器是 SPECT 最常使用的准直器。

(2) 扩散型准直器（diverging collimator）：扩散型准直器的准直孔轴线都指向探头后 400～500mm 处某一点，从晶体向物体看去，投影线是发散的。它可形成缩小的图像，其视野大于探头尺寸，并随脏器到准直器距离的增加而加大，常用于小探头对大脏器显像，如拍

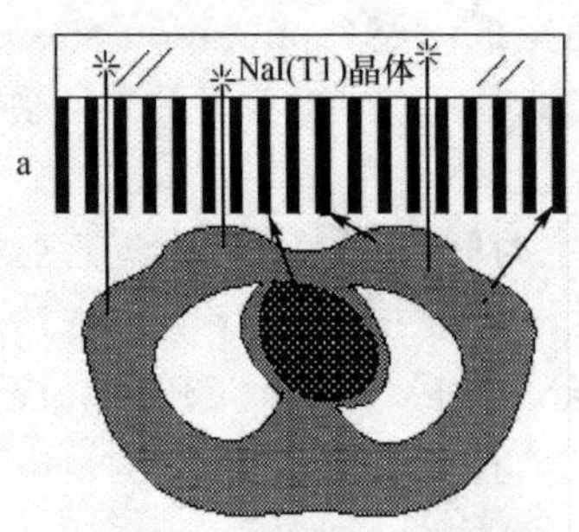

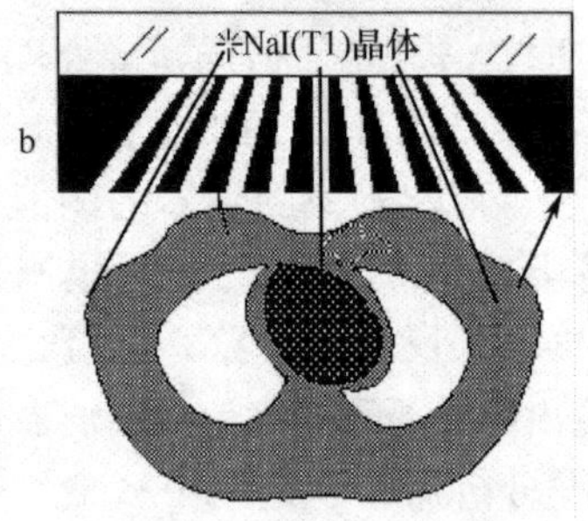

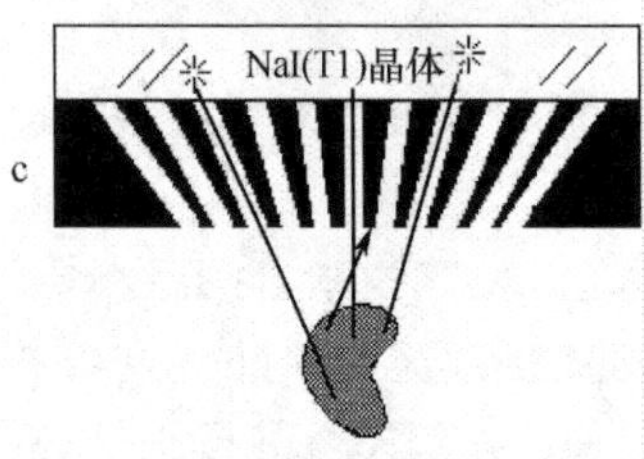

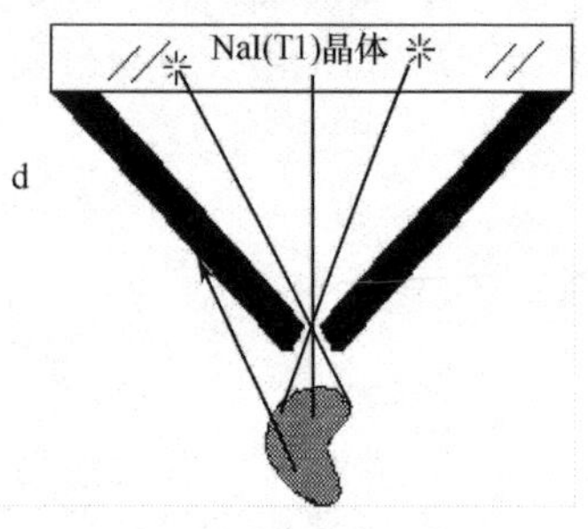

图 5-4　准直器

a. 平行孔准直器；b. 扩散型准直器；c. 汇聚型准直器；d. 针孔型准直器

摄两肺或双肾。所成图像的空间分辨率不如平行孔准直器，探测效率也比平行孔准直器低。扩散型准直器的缺点在于对视野(field of view，FOV)的放大会造成图像的失真，距离越远，失真越严重。

(3) 汇聚型准直器(converging collimator)：汇聚型准直器的准直孔轴线汇聚在探头前 400～500mm 处一点上，可形成放大的图像，改善由于探头分辨率的限制所造成的影像模糊。它的视野小于探头尺寸，用于大探头对小脏器(如脑部、甲状腺、肾脏、心脏)显像。所成图像的空间分辨率好于平行孔准直器，对小脏器的探测效率也比平行孔准直器高。探测对象位于聚焦型准直器 FOV 之外的部分图像数据将被截断，图像会严重变形，需要在图像重建中对此进行补偿。有些准直器设计成可以两面安装，把扩散型准直器翻转 180°放在探头上，就成为汇聚型准直器。

(4) 针孔型准直器(pinhole collimator)：针孔准直器利用小孔成像原理，在晶体上形成倒置的图像。通过改变像距(圆锥高度)和物距的比例，可以投影成放大的图像，也可投影成缩小的图像。由于针孔准直器在不同深度处的放大倍数不同，对于厚度较大的脏器，图像是变形的，在脏器贴近准直器的时候更加严重，所以它主要用于浅层小脏器(如甲状腺)的成像。临床 SPECT 中采用的针孔准直器通常为高 200～250mm 的铅制空心圆锥体，针孔直径为 3～5mm。针孔准直器在小动物成像中广泛使用，通过采用更小的针孔直径(0.1～1mm)及较大的放大倍数，可以达到亚毫米级的空间分辨率以适应小动物成像的要求。但是针孔准直器的探测效率非常低，且随物体到准直器的距离增加而迅速下降。通过在准直器上设置多个针孔，同时对物体成像可以提高探测效率。

2. 闪烁晶体　闪烁晶体是 SPECT 探测器中的一个关键部件。它与入射的 γ 射线光子发生相互作用会发出短暂的荧光。理想的闪烁晶体应满足如下要求：

(1) 对入射的 γ 光子具有较高的俘获效率：SPECT 探测器中使用的闪烁晶体一般都选用高密度、高原子序数的材料，以便让它在使用中的俘获效率尽可能的高。常用的 NaI(TI)晶体的密度大且含有高原子序数的碘，是 γ 射线良好的吸收物。NaI(TI)晶体对 150KeV 能量的入射光子其衰减系数为 2.22cm-1。

(2) 与入射光子相互作用后的发光效率高，但发光的持续时间又较短。由于在 SPECT 中要求逐次记录发生闪烁的事件，因此必须在时间上提高鉴别两次不同闪烁的分辨能力，或者说要求晶体发光衰减的时间尽量短。

(3) 材料的发光效率高，而且具有良好的光学性能，对荧光的传播呈透明且折射小等。

NaI(TI)晶体的发光效率高，每 keV 辐射能量平均产生 40 个可见光光子，而且其闪光

亮度与入射 γ 光子的能量成正比。此外，NaI(TI)晶体对光线是透明的，即使很厚的晶体由自吸收造成的光损失也很小(NaI，SPECT 上的晶体和 PMT 都较易实现，重点在准直器)。

3. 光电转换器件 光电倍增管阵列安装在闪烁晶体的后面。当闪烁体的某一位置上发生闪烁光时，不同强度的光线照射到许多光电倍增管上。靠近闪烁点的光电倍增管得到较强的照射，原理闪烁点的光电倍增管则得到较弱的照射。根据各个光电倍增管输出的大小的不同来计算出发生闪烁的位置。

(二) SPECT 电子学

SPECT 电子学主要由光电倍增管的高压电源、线性放大器和脉冲高倍分析器等电子控制装置。主要完成位置信息的计算、能量的符合判断等。

1. 位置信息 由闪烁晶体放射出的可见光照射到一个光电倍增管阵列上，阵列上的每一个光电倍增管都将输出相应的电信号。通过前置放大器和权值网络可以得到入射光的位置信息。目前采用的权值网络定位系统在实际应用中由于光电倍增管的位置响应的非线性等问题会出现空间定位失真。

2. 能量信息 在入射的 γ 光子中有相当一部分光子是直射到达检测器的，还有一部分光子在人体中经过康普顿散射后才到达探测器。经过折射后到达检测器的光子将对图像造成一定的模糊。因此在电子学电路中引入脉冲高度分析器来进行能量符合。脉冲高度分析器的输入是所有光电倍增管输出的总和，它指示的是所有入射光子的能量。

六、PET 和 SPECT 图像重建

(一) 图像重建原理简介

图像重建是指利用数学方法，将 PET 或者 SPECT 探测器及数据获得系统采集到的投影数据还原得到人体/动物体内的活度分布图的过程。投影数据一般可转化为待测体内放射核素空间分布在探测器不同晶体单元连线(即响应线)上的线积分值，即该分布的雷登变换(Radon transform)结果。由于单个点射源的雷登变换对应的是一条正弦曲线，投影数据也被称作正弦直方图(sinogram)。图像重建本质上是基于正弦直方图，实现雷登变换的逆变换。

从放射性核素衰变到系统检测的过程中，不可避免地存在各种干扰因素，导致投影数据中存在噪声。因而，图像重建无法获得精确解。图像重建的目标就是获得尽可能抑制各种物理因素的干扰，获取接近放射核素真实分布的图像，使之能够有效地支持诊断。

(二) 图像重建的方法分类

按照数学方法来划分，图像重建可以分为解析类和迭代类两种，两类方法有各自的优点和局限性。

1. 解析类 解析法是从早期的 CT 重建方法推广而来，以傅里叶中心切片定理(Fourier slice theorem)为基础。该定理表明，从角度 ψ 得到的某函数投影的一维傅里叶变换等于该函数的二维傅里叶变换通过坐标中心的切片，且切片角度同为 ψ。根据中心切片定理，如果已知在所有角度上($0\leqslant\psi<\pi$)的函数投影数据，就能够获得函数的二维傅里叶变换，进而通过求解傅里叶逆变换获得原函数。

直接利用中心切片定理的反投影(back projection)重建方法有两个缺点:首先,它要求非常高的角采样频率,较难以实现;其次,重建后的图像有明显的伪影。伪影的产生是由于每个角度上的投影数据都在二维傅里叶空间产生一条过原点的切片。这导致了在中心位置(低频部分)的过采样和边缘位置(高频部分)的欠采样。因此,中心切片定理在现实中很少有直接的应用。

解决傅里叶空间内采样失衡的办法是对一阶傅里叶变换的投影数据使用 Ramp 滤波器,以增强傅里叶空间边缘部分的数值而减弱其中心区域。这就是 FBP 的原理。FBP 提升了图像的清晰度,使之达到临床诊断的要求。但是,Ramp 滤波器在增强图像细节和边缘的同时,也放大了高频统计噪声。因此,需要在 Ramp 滤波器上根据实际情况加入低通窗函数,比如 Shepp、Hamming、Wiener 等。低通滤波函数能够有效抑制噪声和消除伪影。它们的截止频率越低,噪声消减得越彻底,但同时有效的高频成分也损失越多,图像对比度和分辨率因此下降。低噪声和高分辨率对滤波器的要求是矛盾的,在重建过程中需折中选择。

解析法的优点是速度快,实现简单。由于解析法的理论依据是建立在理想模型基础上,它对实际系统中的统计噪声缺乏有效抑制,同时也难以对成像中的各种物理因素进行相应的校正和约束。由于 PET 和 SPECT 系统的扫描数据一般存在欠采样、低计数的特征,它们对解析类重建方法的适用度也相对低于 CT 系统。

2. 迭代类 迭代法图像重建的原理是:从一个假设的初始图像出发(例如各像素的值均为 1),将其理论投影值与实测投影值进行比较,依据某种最优化准则不断对图像进行迭代和修正,以逼近满足约束条件的最优解。相对解析法,迭代法可以更为有效地针对 PET 和 SPECT 成像的物理效应和数据/噪声进行建模,在系统模型中加入相应约束,在重建中进行有效地校正。

基于不同的优化目标和数学模型,迭代法种类繁多:①基于约束满足理论的代数重建算法(algebraic reconstruction techniques,ART);②以极大似然估计作为主要数学判据的 MLEM 方法;③依据最小方差/最小加权方差理论的加权的最小平方法(weighted-least squares,WLS),以及在各种方法的基础上衍生出的新优化算法。

在 PET 和 SPECT 系统中,γ 光子的探测服从泊松随机过程。针对探测数据和噪声的泊松统计特性建立的方法成为 PET 和 SPECT 迭代重建的主流算法。其中,以最大似然度作为优化目标和迭代准则的 MLEM 算法最为经典,也是很多流行算法的基础。MLEM 算法通过迭代,不断修正目标函数,即光子计数的估计,使测得光子计数与真实计数的似然度达到最大。但是,由于在每次迭代中都要做正向和反向投影运算,计算量很大。在 MLEM 的基础上,OSEM 方法将数据依据投影角度分为多个子集进行处理,有效地加速了迭代过程,成为目前临床上应用最为广泛的重建方法。另一方面,由于受到系统噪声的影响,随着迭代次数的增加,图像质量逐渐退化。因此,在迭代过程中,需要确定一个迭代终止判据来提高图像质量。基于贝叶斯方法(Bayesian methods)的 MAP 法在一定程度上解决了这个问题。该方法充分利用图像的已知信息,在重建过程中选择合理的先验模型,从而提高重建质量。

以上重建方法都是以二维图像为对象来阐述的。在考虑三维图像重建问题时,迭代法涉及的优化法则和统计关系依然适用。因此,它能轻易扩展到三维图像重建中。然而,在实际系统中,三维重建的巨大计算量对计算和存储能力都是一个挑战,且由于 PET 和 SPECT 本身计数较低,三维重建将导致有限的计数被分散,导致重建质量进一步下降。目前，更普遍的做法是将三维数据进行重组(rebinding)，转化为一系列二维数据集，然后对每个断层逐个实现二维重建。

(三) 图像质量的评价方法

图像质量的评价涉及多个参数，必须结合应用对象来考虑。在实际系统中，更侧重于针对具体的应用，强调某一个或某几个参数的性能，即应用对象驱动的性能评估。图像重建质量的评价主要分为三个方面：

1. 图像的统计特性 PET 和 SPECT 成像均为随机过程，因此可以引入统计估计的方法来评价图像的偏差(bias)和方差(variance)。由于图像重建是基于随机数据，得到的图像也必然是随机的。这意味着对同一个被测物体多次成像，重建后的图像将各不相同。偏差代表重建算法获得的图像的平均值与真值的差别，反映算法的准确度(accuracy)。方差代表重建结果相对其平均值的偏离程度，反映了算法的精确度(precision)。理想的情况是无偏差(unbiased)且零方差(zero variance)。然而，由于统计噪声的存在，无偏差的重建算法得到的图像噪声很大，方差很高。无论是 FBP 还是 MLEM，都是以增加偏差为代价来降低方差。因此，偏差和方差很难同时达到较优的水平。在实际系统中需要综合分析，对两方面性能进行折中。对偏差方差折中效果的评估可以通过计算信噪比来实现。

2. 空间分辨率 空间分辨率直接反映了硬件系统和重建算法对检测对象的实际物理尺寸的还原能力。空间分辨率的高低，直接决定很多生理现象能否被有效反映，病灶尺寸能否被精确锁定，从而直接决定诊断精度。空间分辨率通常用图像系统对点射源的反应来描述，即系统的点扩散函数(point spread function，PSF)。对 PET 和 SPECT 系统来说，点扩散函数的半高宽(full width at half maximum，FWHM)，十分之一高宽(full width at tenth maximum，FWTM)以及调制传递函数(modular transfer function，MTF)都可作为空间分辨率指标。值得注意的是，图像的平滑去噪需要减小方差，这意味着空间分辨率的降低。

3. 数值观测 PET 和 SPECT 仪器检测成像的最终目的是为了给临床提供精确的诊断信息，因此临床观测的效果是评估图像质量至关重要的因素。

最为直接的观测方式是由医生用肉眼判断，然而这种方法需要大量有经验的观测者来评估大量的图像，这个过程非常耗时，因此可行性较低。

在实际中一般采用计算机辅助系统进行观测，即数值观测(numerical observer)。目前，应用最广泛的数值观测是 CHO(channelized hotelling observer)方法。该方法基于统计检测理论，采用广义似然比(generalized likelihood-ratio test, GLRT)方法来检测病灶。GLRT 在针对高斯模型的随机噪声问题时，有时被称为 Hotelling 观测系统。而在针对这类噪声问题时，GLRT 是一个线性系统，因此，视觉观测非常容易实现。在 CHO 实现中，需要给 Hotelling 探测系统输入特征信息(即信道，channels)以模拟人类实际的视觉系统，而特征信息是通过对重建图像输入各种带通滤波器获取的。通过数值观测系统，可以近似地预见到实际临床中通过不同的图像诊断出病灶的几率。而数值观测到方法，同样可以推广到对图像重建算法的评估中。

第二节 热点及未来发展方向

一、新型探测器研究与开发

(一) 应用优化

1. 背景和意义 不同的应用对 PET 系统的各项性能指标的需求各不相同,虽然希望各项性能指标越高越好,但是在一定的成本约束之下,对各种性能指标的要求千差万别。目前,PET 探测器和相关关键技术的研究和开发面向通用的功能成像,没有针对具体的应用进行优化。其结果是,在实际应用中,某些所需的关键性能不足,而其余部分性能过剩。不考虑具体的应用,追求全部的系统性能达到最优,在实际应用中造成巨大的浪费,同时限于成本,无法针对具体的应用使得 PET 成像仪在某些性能上达到极限以发现新的知识,限制了 PET 在临床医学和生物医学基础研究中的作用。

2. 发展现状 目前对 PET 的研究和开发,注意力主要集中在针对广泛应用的通用模式技术上,探测器一旦建造完成,各项性能指标几乎完全固定,无法根据实际需要在应用中修改。然而,在不同的应用中,对探测器的各项性能指标的需求是不相同的。有些应用可能要求高的空间分辨率,有些应用需要较高的灵敏度,而有些应用需要较高的时间分辨率等。完全固定的性能设置使得 PET 探测器总是在某个实际应用中陷入关键性能不足,其余性能过剩的尴尬。当前,要实现应用优化的 PET 成像,主要受限于以下三个因素:

(1) 数据获得系统采用模拟/数字混合电路,无法进行灵活的处理。

(2) 符合电路由硬件来完成,几乎无法针对具体的应用进行适应性地重组或更换探测器模块。

(3)没有全自动的系统校正,一次校正需要进行一个相当长时间(约几个星期)的人工操作,为了得到优化的设置,则需要更长的时间。

3. 发展趋势和途径

(1) 模块化的探测器模组设计:要实现应用优化的 PET 探测器,需要实时改变探测器的设置和电子学的搭配,实现闪烁晶体、光电转化倍增器件和单事件(singles)电子电路的模块化,以及进行自动快速的应用专用校正。在此基础上,针对特定应用,需要建造某种性能超群的探测器模组,如超高探测效率的 PET 探测器可用于有高灵敏度需求的应用;超高时间分辨率的探测器可用于飞行时间(time-of-flight,TOF)PET 系统中;超短死时间的 PET 探测器可应用于有较高动态造影需求的应用。

(2) 数字化的脉冲处理方法:近年来,随着光电技术、计算技术和控制理论与控制工程的快速进展,数字信号处理的方法和技术开始创新地应用到 PET 成像仪器的研究和开发中,为研究和开发应用优化 PET 探测器提供了初步的条件。全数字的 PET 前端电子学系统有潜力为应用优化的 PET 探测器提供信号处理的参考;单事件模块化的探测器在全数字数据获得系统的架构下有潜力提供可重组的 PET 探测器模组;用数字信号方法处理一对 PET 探测器的闪烁脉冲信号,提取事件到达的时间信息,在采用实验获取的闪烁脉冲数据进行电路仿真研究中获得了 280 ps FWHM 的符合时间分辨率。这项研究初步表明,全数字的 PET 前端电路能够跟混合电路得到几乎相当的时间分辨率,同时可解决采用模拟技术的 PET 在 TOF-PET 系统中时间校正的困难。PET 电子学中的诸多工程问题在最近几年得到了深入的研究和进展。这些研究显示了瞄准应用优化的 PET 成像技术正在起步，有助于应用适应性 PET 探测器的建造，最终在大幅降低成本的基础上，提高 PET 探测器的性能和可用性。

(3) 基于软件的符合处理方法：基于通用的 PC 架构，利用软件系统完成符合处理。对特定的检测对象，建立其特征模型，根据其数据构成，优化设置符合处理参数，通过改变能量窗和时间窗的组合方式，降低散射分数和随机分数，从而在符合处理模块提高成像信噪比，优化成像质量。

(二) 新型闪烁晶体与新型光电检测器件

1. 新型闪烁晶体 某些晶体在高能粒子(X 射线或 γ 射线)的照射下会发出紫外光或可见光，这种现象称为闪烁效应，具有闪烁效应的晶体称为闪烁晶体。与其他荧光材料(如荧光粉)不同，闪烁晶体是巨大的单晶材料，它所发出的荧光能透过材料本身，而其他荧光材料只是粉末状的微晶，不透光。闪烁晶体主要用于核医学医疗诊断、高能物理、核物理实验和工业勘探等领域。评价闪烁晶体的指标主要有：光输出量、输出光子的波长、光脉冲的衰减时间常数、线性度、密度、抗辐照强度、价格等。

(1) 根据发光机理，可将无机闪烁晶体分为两类：一是本征晶体，如 BGO；二是掺杂的非本征晶体，如 CsI(Tl)。根据阴离子和阴离子团的性质，又可将闪烁晶体分为卤化物晶体和氧化物晶体。卤化物闪烁晶体有 NaI、CsI、BaF_2、CeF_3、$LaBr_3$、$LaCl_3$ 等；氧化物晶体有 BGO、LYSO、LSO、$CdWO_4$、$PbWO_4$、$ZnWO_4$ 等。最早在 PET 和 SPECT 中采用的是 NaI 晶体，目前 NaI 依然在 SPECT 中广泛应用；BGO、LSO 和 LYSO 成为了 PET 探测器的主流。各晶体的相关性能如本章第一节所述。

(2) 一些新型性能优越的闪烁晶体(如 $LaBr_3$、$LaCl_3$ 等)，正在不断被发现和研究，有望今后在 PET 等核医学成像仪中得到应用。$LaCl_3$ 和 $LaBr_3$ 都是综合性能十分优异的闪烁晶体。$LaCl_3$ 密度为 3.95g/cm^3，光输出量 49 000photons/MeV，衰减时间常数 25ns，输出光子 peak 值对应的波长为 350nm；$LaBr_3$ 的密度为 5.29g/cm^3，光输出量 60 000photons/MeV，衰减时间常数 25ns，输出光子 peak 值的对应波长为 370nm。另外，在 511keV 的 γ 光子辐射的同等条件下，$LaBr_3$ 和 $LaCl_3$ 的能量分辨率分别可以达到 3% 和 4%，而同等条件下 NaI (Tl) 的能量分辨率在 7%。$LaCl_3$ 和 $LaBr_3$ 有高的光输出，适中的密度，短的衰减时间常数，适当的光输出波长，以及较好的能量和时间分辨率，这些优异的性能表明这两种晶体(尤其是 $LaBr_3$)有应用于对能量分辨率、时间分辨率要求较高的系统(如 PET)方面的潜力。但是，由于 $LaBr_3$ 容易潮解，不易加工和包装，限制了其在 PET 中的应用。另外，相对较低的阻挡效率，导致其虽然能获得较高的时间分辨率，却在灵敏度和空间分辨率上略显不足；并且，目前 $LaBr_3$ 价格昂贵，进一步限制了它在 PET 系统中的应用。当前，$LaBr_3$ 仅限于部分的研究工作中。

2. 新型光电检测器件 SiPM 现在仍处于实验评估阶段，未应用于临床 PET 系统或者小动物 PET。然而，SiPM 的特性显示出它具有强大的潜力能够用于搭建 PET/MRI 多模成像中的 PET 探测器和 TOF PET 探测器。其主要优点有：对磁场不敏感，可用于 PET/MRI；时间特性优异，为搭建 TOF 探测器提供了可能；增益与 PMT 相当；高探测效率；工作电压低；大批量生产便宜。

崩二极管是具有很高内增益的光子探测器。它利用光生载流子在高电场区内的雪崩效应获得光电流增益，具有灵敏度高、响应快等优点。利用雪崩二级管进行光电探测时，PN结上会加上一个相当高的反向偏压，使结区产生很强的电场，当光照PN结所激发的光生载流子进入结区时，光生载流子在强电场中加速而获得足够的能量，在定向运动中与晶格原子发生碰撞，使晶格原子发生电离，产生新的电子空穴对。新产生的电子空穴对在强电场作用下分别沿相反方向运动，又获得足够的能量，再次与晶格原子碰撞，又产生新的电子空穴对。这种过程不断重复，使PN结内电流急剧倍增放大，这种现象称为雪崩效应。雪崩光电二极管就是利用这种效应对电流进行放大。单个SiPM是由一组雪崩二极管排列构成，每个二极管在接受到光子后会发生雪崩效应产生一个电流脉冲。单个SiPM的输出为被激发的微像素单元(独立的微APD结构)的所有电流之和，其增益通常能达到10^5～10^6，工作电压为40～70V。

于SiPM具有相对较低的工作电压、较高的增益和光子探测效率、较快的时间响应，并且不受磁场影响。同时，SiPM在大批量生产时成本相对较低。这些特性表明SiPM具有构造一个性能优异的PET探测器的潜质。PET/MRI中的PET探测器：SiPM的倍增是通过光电二极管的雪崩效应产生的，有别于PMT的电子加速，因而，对磁场具有不敏感性。也正因为此特性，使得在多模成像中将PET与MRI结合起来成为可能。TOF PET探测器：SiPM的高探测效率和快时间响应表明，其可能提供一个好的时间分辨率和能量分辨率，因而，SiPM同时可以作为光电转换器件应用于TOF探测器中以获得更好的时间性能。

(1) 选择恰当微像素单元数目的SiPM：有资料表明，随着单个SiPM中的微像素单元数量的增多，其动态范围会增加，但探测效率、时间分辨率和能量分辨率会降低。因此，根据具体的应用选取合适的微像素单元个数，比较好地权衡各种性能是一个亟待解决的问题。

(2) SiPM的一致性校正：具体在PET中应用时，由于涉及大量SiPM的协同一致的工作，在实际探测器中会涉及大量SiPM的校正、补偿等一系列工程技术问题，开发一套专用的电子学校正系统是必须的。

(3) 大面积的SiPM：大面积的SiPM在具有更高的增益的同时，也会因为面积的增大带来暗计数的增长、器件的发热带来功耗的增加和增益的变化、临界串扰的增加等一系列问题。

(4) 搭建SiPM阵列＋晶体的位置敏感性探测器：单个SiPM只能提供光子的时间信息和能量信息而无法提供位置信息，因而，如何利用多个SiPM与晶体搭配获得闪烁事件的位置信息在PET探测器中是一个很好的方向。

(三) 新型探测器模组设计

1. 作用深度(DOI)探测器 为获取更好的空间分辨率和灵敏度，PET系统中趋向于使用细而长的探测晶体，细的探测晶体能获得较高的固有空间分辨率；长的探测晶体可以更好地捕获γ光子，提高系统的灵敏度。γ光子入射长而细的晶体，极可能穿过晶体并与相邻晶体产生相互作用，导致视差错误。视差错误会严重降低PET系统的空间分辨率，因此，通过设计DOI探测器，获取γ光子与晶体相互作用的DOI信息，以准确定位LOR，降低视差错误带来的空间分辨率的下降，同时保持较好的探测灵敏度。目前，DOI探测器设计主要采用以下五种方法。

(1) 设计两层或多层晶体探测器：各层晶体间的耦合方式有两种：

1）各层采用不同类型的晶体，且晶体对齐耦合，如前图 5-1(a)所示。然而，系统时间分辨率会因为闪烁脉冲不同的衰减时间而受到限制。

2）各层晶体的中心位置均有一定的偏移，如前图 5-1(b)所示。该方法难以在小尺寸晶体模块上实现。

多层晶体的方法只能获取离散深度信息，其分辨率受每层晶体厚度的限制，而且多层晶体的搭建比较复杂。目前，商用的系统仅采用两层晶体结构。

(2) 晶体两端放置光传感器：晶体两端的光传感器接收到的可见光数目与 γ 光子和晶体相互作用的深度有关，通过计算两者比例即可获得 DOI 信息。两端的光传感器可采用 PMT、APD、SiPM 等光电转换器件。

该设计可以获得较好的连续深度信息，但需要较多的光传感器和电子学通道。

(3) 采用光纤获取 DOI 信息：在晶体的两端放置位置正交的光纤(wave length-shifting fibres，WLS 光纤)，WLS 光纤接收并传输可见光。通过两端光纤接受到光信号强度不同，可以获得 γ 光子与晶体相互作用的 DOI 信息，同时，也可以获取光子的位置信息。

该方法的精度受 WLS 光纤吸收的可见光光子数目和相邻 WLS 光纤之间的干扰影响。WLS 光纤吸收光子的性能与其和晶体之间的耦合材料性能、包裹材质反射性能及其传输属性等相关。为解决相邻 WLS 光纤干扰问题，同样需要反射性能高的包裹材料，或增大 WLS 光纤距离和/或减小 WLS 宽度。

(4) 晶体探测面涂荧光物质：晶体探测面上的荧光物质会吸收 γ 光子沉积能量时发出的可见光，并且重新发出可见光(波长不同且衰减时间有延迟)。在晶体的不同深度，由荧光物质转换的可见光所占的比例不相同和衰减时间的延迟，光电探测器输出的光脉冲形状有一定差异。通过对光电探测器的输出信号进行脉冲形状甄别即可获取 γ 光子与晶体相互作用的深度信息。

该设计方法可以获取连续的 DOI 信息，然而，目前获取的 DOI 信息精度不高，DOI 分辨率约为 8mm，与采用两层晶体的方法类似。要获取更好的 DOI 分辨率，需要寻找更好的闪烁晶体和荧光物质组合，优化晶体表面处理，研究更好的脉冲形状甄别方法。

(5) 晶体侧面放置不同反射性能的材料：在晶体侧面不同位置放置不同反射性能的材料，γ 光子与晶体相互作用的深度与相邻两晶体接收到可见光光子的比例(light sharing)是相关的，flood histogram(position profile)中峰值位置将发生变化，根据 flood histogram 中峰值位置的变化可以获得 γ 与晶体相互作用的深度信息。

该方法仅需在晶体的一端放置光传感器，相比设计，探测器结构简单，但获取的 DOI 精度有所下降。

以上各 DOI 探测器设计方法，仅用多层探测晶体获取 DOI 信息的方法已经应用于 PET 系统中，其余的设计中，探测器的结构(包括晶体、光探测器件、用于 DOI 信息获取的材料等)和 DOI 信息计算方法均有待进一步研究。

DOI 探测器的设计倾向于在保证具有较好系统空间分辨率和灵敏度的同时，使用最少的探测器件和电子学通道获取 DOI 信息，以降低系统复杂度和费用。发展趋势主要为：

采用新型的光电转换器件：随着光电转换器件的发展，DOI 探测器的诸多设计得以实现。如，在 PS-APD 上耦合晶体阵列，将多层这样的结构组成 DOI 探测器，可以获得 γ 光子与晶体相互作用所在的晶体层。由于 SiPM 具有较高的量子效率和时间性能，且增益与 PMT 相当，也有研究组研究采用 SiPM 来搭建类似的 DOI 探测器。这种类型的 DOI 探测器阵列包含多个通道需要处理，对电子学部分也要求较高。

采用连续晶体：由多个晶体条组成的DOI探测器晶体模块，其探测灵敏度受晶体有效探测面积的影响，有研究组考虑采用连续的晶体块耦合PS-APD或SiPM以获取DOI信息，既能提高探测灵敏度，又能节省晶体切割和组装费用，其挑战在于如何准确提取光子与晶体相互作用的位置。

2. 连续探测器 灵敏度作为PET系统中的一个关键参数，一直受到人们的广泛关注。高灵敏度可以在系统扫描时间一定的情况下，增大数据的统计量，减小统计误差；减少系统扫描时间；并且可用于活度较小或者特异性不强的示踪剂。

在PET系统中，提高系统灵敏度的途径有以下三种：

(1) 采用高密度、高原子序数的闪烁晶体。该方法现在已经被广泛采用，如现有商用PET中所采用BGO晶体，以及现在备受关注的LSO、LYSO、$LaBr_3$等晶体。但是，想要进一步通过选择晶体的方法提升探测器灵敏度存在很大困难。

(2) 增加闪烁晶体的厚度。该方法能够方便有效地提高系统的灵敏度，但是同时会导致其他性能下降，如时间分辨率等。

(3) 采用连续晶体，提高探测器的有效接收面积。该方法也能够有效地提高探测器系统的灵敏度，但是会对探测器的空间分辨率产生很大的影响。

近几年来，随着位置敏感型光电转换器件以及SiPM相关技术的发展，连续晶体探测器再次成为人们研究的对象。

目前，连续晶体探测器的研究可以分为以下几个部分：

(1) 采用PSPMT作为光电转换器件：R. S. Miyaoka等(University of Washington)在2006、2007年都做了此类连续探测器仿真。2006年采用了一个$(48.8\times48.8\times8)mm^3$的LSO晶体，将晶体沿深度分别分为两个区域和四个区域，前者的DOI的误判率为5%，后者为14%。2007年采用了一个$(50.0\times50.0\times8)mm^3$的LYSO晶体，这个设计不仅在晶体底面耦合PSPMT，还在晶体侧面粘贴感光器件，以减小边缘效应。侧面粘贴感光器件得到的空间分辨率为0.79mm，侧面无感光器件的设计的空间分辨率为0.99mm。他们在2006年同时做了实验，晶体类型、大小与前面两组仿真一一对应，使用LSO晶体得到的空间分辨率为1.14mm(SBP) vs. 1.8mm(Anger Logic)，使用LYSO晶体得到的空间分辨率为1.3～1.5mm(SBP) vs. 2.2mm(Anger Logic)。Wenze Xi等(National Cancer Institute, Bethesda, MD)在2007年采用一个$(44\times44\times10)mm^3$的$LaBr_3$晶体进行实验，视场中心的空间分辨率为1.6mm(SBP) vs. 2.8mm(Anger logic)。

(2) 采用APD作为光电转换器件：Andy Welch等(University of Aberdeen)在2005年设计了一个四层探测器，采用APD阵列(Hamamatsu S8550)和LYSO晶体。晶体横截面积为$(9.5\times9.5)mm^2$，厚度依次为2mm，2.5mm，3.1mm，4.3mm，得到的空间分辨率小于2.2mm。2006年他们对单层晶体进行仿真模拟，以便于对影响探测器性能的因素进行研究。晶体厚度为3.1mm，其他设置与实验的单层探测器相同，得到的空间分辨率小于2.12mm。2006年，S. Krishnamoorthy等(Stony Brook University)采用了一个直径为60mm，厚度为10mm的LSO晶体，在晶体上下两面各耦合7个有效面积为$(8\times8)mm^2$的APD，仿真得到的空间分辨率约为1mm，实验得到的空间分辨率约为2.5mm。

(3) 采用PSAPD作为光电转换器件：Philippe Despres等(University of California, San Francisco)在2006使用体积为$(8\times8\times1)mm^3$的晶体的实验结果见表5-1，表格中的数

据表示使用不同晶体和射源得到的空间分辨率。

表 5-1 不同晶体、射源的空间分辨率

	^{99m}Tc(140keV)	^{57}Co(122keV)	^{241}Am(60keV)	^{125}I(30keV)
CsI:Tl	0.62mm	0.72mm	0.99mm	1.25mm
$LaBr_3$:Ce	0.55mm	0.64mm	0.92mm	1.10mm

同时他们做了一组仿真，比较采用 PSAPD 和 APD 的结果。在仿真中，晶体的大小为(32×32×6)mm^3，类型是 CsI:Tl，分别耦合 4×4 个面积为(8×8)mm^2 的 PSAPD 和 8×8 个面积为(4×4)mm^2 的 APD，结果如表 5-2 所示。

表 5-2 PSAPD 探测器和 APD 探测器的性能比较

	^{99m}Tc	^{125}I
PSAPD	0.9mm	1.3mm
APD	1.0mm	1.2 mm

从表 5-2 可看出，两种光电器件对同种射源的空间分辨率相近。另外，仿真结果也表明：对晶体的不同位置，PSAPD 的空间分辨率比 APD 较一致。Angela M. K. Foudray 等(University of California-San Diego)在 2006 年使用(8×8×1)mm^3 的 LSO 晶体，采用两种射源^{57}Co和^{22}Na，得到的空间分辨率分别为 2.86mm 和 1.12mm。

连续晶体探测器的发展受到限制的一个重要因素就是如何提高空间分辨率。目前，随着位置敏感型光电转换器件和 SiPM 等技术的发展，帮助了连续晶体探测器空间分辨率的提高。

(1) 采用位置敏感型光电转换器件：位置敏感型光电转换器件的发展，能够有效提高连续晶体探测器对于 γ 光子能量沉积位置计算的准确性，从而提高探测器系统的空间分辨率，促进连续晶体探测器的发展。

(2) 采用 SiPM 作为光电转换器件：SiPM 作为一种新型的光电转换器件，它的增益与 PMT 相当，量子效率比 PMT 高，有很好的时间分辨率，体积小、半导体工艺，且规模生产成本低，在连续晶体探测中具有很大的优势。然而，目前还没有采用 SiPM 组成的连续晶体探测器结果。

3. 半导体探测器 半导体探测器是 20 世纪 60 年代初发展起来的一种新型粒子探测器，它实质上是一个工作介质为固体的电离室。半导体探测器的灵敏体积为加反向偏压的 PN 结。在 PN 结区，可移动的载流子基本被耗尽，只留下电离了的正负电中心，对电导率无贡献，并具有很高的电阻率。PN 结加上一定负偏压，耗尽区扩展，可达全耗尽，死层极薄，外加电压几乎全部加到 PN 结上，形成很高电场。当带电粒子进入灵敏区时，便产生电离形成电子空穴对。与气体中电子和离子的漂移运动一样，电子和空穴在电场的作用下分别向两极运动，最终被电极收集，产生脉冲信号。信号幅度与带电粒子在半导体材料中产生的电子空穴对成正比，即正比于入射粒子损耗在半导体探测器中的能量。由此可以看出，半导体探测器具有好的能量分辨率、能量线性响应和位置分辨率，并且脉冲上升时间快等优点，被广泛应用于原子核与粒子物理、天体物理、宇宙射线、核医学等领域。

半导体探测器从制作方法可分为 PN 结型探测器、锂漂移型探测器、全耗尽型探测器；按材料分为高纯探测器和化合物半导体探测器。目前使用的半导体探测器大多是 PN 结型的。

(1) PN 结型半导体探测器：PN 结型半导体探测器的灵敏区为加反向偏压的 PN 结，它具有良好的能量线性、高能量分辨率和时间分辨等优点，在 α 及其他重带电粒子能谱测量方面有着重要的应用;它可以制成半导体夹层谱仪;而且在剂量监测方面也有重要的应用。

(2) 锂漂移型半导体探测器:PN 结型探测器的厚度一般不超过 1～1.5mm,因此,对探测能量较高的带电粒子和 X、γ 射线比较困难。锂漂移探测器具有灵敏区厚度大的优点,适合高能带电粒子和 X、γ 射线的测量。

常用的锂漂移型探测器有 Si(Li)探测器和 Ge(Li)探测器。Si(Li)探测器有良好的能量分辨率,而且其具有较高的本征探测效率。Ge(Li)探测器被广泛应用于核衰变图的研究和活化分析。Ge(Li)探测器要求在液氮下保存和使用,限制了其应用。

(3) 全耗尽型半导体探测器:全耗尽型半导体探测器是指"无死层"的半导体探测器,主要用来鉴别粒子种类和测量能量。

(4) 高纯锗半导体探测器:高纯锗半导体探测器具有高的能量分辨率,对 γ 射线具有高的探测器效率,但为了降低反向电流,在工作时需要低温冷却。

(5) 化合物半导体探测器:化合物半导体探测器主要有以下分类:

1) CdTe 探测器:该种探测器对低能 γ 射线有很好的能量分辨率,主要用于室温下 γ 谱仪。但是 CdTe 探测器的极化效应不严重,主要是载流子寿命还不够大,俘获长度较小,造成了电荷不完全收集。

2) GaAs 探测器:GaAs 探测器的优点是材料制备技术和器件制作技术都比较成熟,探测器结构紧凑,便于与现有电子线路集成。其不足之处在于平均原子序数较低,对高能射线的阻止能力较弱,探测效率低。

3) HgI_2探测器:HgI_2探测器的优点是:晶体的禁带宽度大(2.13eV),室温下热激发产生的载流子数目少,可制备出漏电流极小的室温核辐射探测器,可以在 200～400℃下工作;用 HgI_2制作的探测器是匀质体,具有均匀的电场分布,有利于载流子输运;HgI_2的平均原子序数高,对 γ 射线有很高的阻止能力,探测效率高;HgI_2的电离效率高,有利于制备出性能优良的探测器。但是,由于 HgI_2晶体的化学稳定性较差,常温下容易挥发,制成探测器时必须进行严格的密封处理。并且,HgI_2晶体的化学活性较强,对电极有腐蚀作用,目前能够成功应用的电极材料有限。而且,HgI_2晶体比较软,加工困难,限制了其应用。

随着半导体技术的迅速发展,半导体探测器有了很大的发展,新型半导体探测器的问世,不但使得半导体探测器探测到的带电粒子的能量更加精确,探测效率更高,同时也使得对于高能粒子的径迹测量得以实现,如通过硅微条探测器能够测得带电粒子的信息以及其在各个微条上的位置参量,从而确定带电粒子的运动轨迹;通过硅像素探测器能够非常快的得到带电粒子的二维位置信息;硅漂移探测器不但位置分辨率可以达到几个微米,时间分辨率小于 1ns,能量分辨率也较好,而且其允许计数率比一般的半导体探测器高几十倍。

4. 飞行时间(TOF)探测器 符合时间分辨率作为 PET 系统一个重要参数,它反映了 PET 系统中测量由同一个湮灭事件产生的 2 个 γ 光子到达 PET 探测器的时间差的不确定性。好的符合时间分辨率不但可以帮助 PET 系统设定符合时间窗来提高符合事件的判断能力,同时还能帮助系统更加准确地定位湮灭事件在响应线上的位置,最终达到提高图像信噪比的目的,这个技术就是 TOF 技术。

TOF 技术要求 PET 系统具有很好的时间分辨率,而其带来的优势主要体现在以下三个方面:①可以设定更窄的符合时间窗,从而降低随机事件计数概率,提高尖峰的噪声等效计数率(noise equivalent count rate,NECR);②在图像重建中使用 TOF 信息可以减少噪声的方差;③可通过 TOF 信息更加精确地定位每个事件的轴向位置,从而降低轴向模糊。

由于 TOF 技术对 PET 系统带来的巨大优势,使得其一被提出便受到广泛关注,而且其发展过程也受到相关器件与技术的影响,经历了最初的快速发展、停滞到再次蓬勃发展的过程。

TOF 技术提出于 20 世纪 60 年代,并在 20 世纪 80 年代得到快速发展。当时利用约 500ps FWHM 的符合时间分辨率,证明了其可以降低 PET 系统的统计噪声。然而,受到晶体材料和相关电子技术等方面的限制,TOF 技术的进一步发展受到严重的阻碍。近年来,随着新兴材料的出现和相关技术的发展,TOF-PET 又再次快速发展起来。

目前,TOF 技术的发展主要受以下四个方面的影响:

(1) 闪烁晶体:闪烁晶体作为 PET 探测器的重要组成部分,其性能是限制时间分辨率提高的关键因素。早期 TOF-PET 中使用的晶体为 CsF 和 BaF_2,这两种晶体都具有时间性能,能够获取较好的时间分辨率,但是其低光输出量以及低 γ 光子阻滞能力导致其系统空间分辨率较差,灵敏度也不高。另外,BaF_2发出的可见光在紫外区范围,需要采用昂贵的石英窗的光电倍增管;而 CsF 光输出量太小,能量分辨率较差,且容易潮解,不能被用来组装模块化探测器,这些因素进一步限制了早期 TOF 技术的发展。

近年来,随着新的闪烁晶体的不断发现,TOF 技术在 20 世纪 90 年代以后又开始发展起来。在诸多晶体中,LSO 相对 BGO 具有相当的 γ 光子阻滞能力,且其具有更高的光输出、更短的衰减时间、更快的初始速率(initial rate),因而能获得高的时间分辨率和较好的整体性能,在 TOF-PET 中得到广泛关注。在实际中,利用 LSO 晶体制造的 PET 系统已达到 600 ps FWHM 的时间分辨率。其他与 LSO 相同化学成分和相似性能的晶体,如 LGSO、LYSO 等也促进了 TOF-PET 的进一步发展。

$LaBr_3$是另一种在 TOF-PET 技术发展中起到推动作用的晶体。相对 LSO 晶体,它具有更高的光输出、更短的衰减时间和更快的初始速率,单个晶体实验中的时间分辨率可达 100ps FWHM 左右(根据添加的 Ce 含量不同有所波动)。然而,由于其 γ 光子阻滞能力较低,虽然能获得较高时间分辨率,却在灵敏度和空间分辨率上略显不足。其他一些晶体,如 $CeBr_3$、LuI_3:Ce 等也具有与 $LaBr_3$相同的特性,比较适合 TOF-PET。然而,目前仍然没有发现理想的晶体能够使得 TOF-PET 获得整体上的高性能。

(2) 光电转换器件:在早期的 TOF-PET 中,由于采用 BaF_2 晶体,其发光波长处于紫外区域,需要使用石英窗的 PMT 以及相关的耦合胶水,价格昂贵,且其性能不够稳定。之后,由于新晶体的出现,其发光波长在 400nm 左右,使得便宜的硅硼玻璃窗 PMT 得以使用。同时 PMT 的时间性能得到了很大的提升,能量分辨率以及稳定性也有明显的提升。

目前,由于光子在 PMT 中传输的渡越时间较长,而且相同型号不同 PMT 个体的渡越时间、增益相差较大,使得在实际的 PET 探测器系统中各个探测器模块性能差异较大,必须花费较长时间进行复杂的校正以保证各探测器模块的性能一致,才能在临床中获得较好的图像重建质量;同时 PMT 量子效率较低(约 25%左右),使其探测到光子数目远小于晶体的发射光子数目,也使得符合时间分辨率下降,这些都限制了其在商用 TOF-PET 中的应用。

(3) 电子学:随着微电子技术的不断发展,现在 PET 电子学技术有了巨大的进步。传统 PET 电子学部分采用模拟电路,难以实现高精度的数据采集,而且其性能容易随温度和时间发生变化,需要经过复杂的校正才能获得较好的性能。由于数字电路的发展,使得闪烁脉冲的数字化以及整个电子学系统的数字化得以实现,其不但拥有高的时间性能,而且性能稳定。同时,新的时间获取方法的不断提出,使得电子学系统对时间性能的影响不断减小，而且电路复杂程度和成本都得到了大大降低。

(4) 新型探测器模组设计：晶体的形状与表面处理以及晶体阵列与 PMT 的耦合方式都直接或间接地影响系统的时间分辨率。晶体长度增加会延长光子在晶体内的传输时间，直接影响时间分辨率；反射率低的晶体表面会减少光输出量，间接影响时间分辨率。目前，商用的 PET 探测器大多在晶体块与 PMT 之间加入光导，以保证晶体的输出能完全被 PMT 探测到。然而，光导的存在使得从闪烁晶体发出的可见光发生扩散，同时增加了可见光光子的传输路径长度，从而降低了时间分辨率。

目前，还没有专门的技术针对时间分辨率进行探测器模组优化。

由于 TOF 技术的巨大优势，使得越来越多的研究者投入到其相关的研究中，许多相关器件与技术的发展不断促进 TOF 技术进一步的发展。主要包括：

(1) 新型的闪烁晶体材料：要达到高时间分辨率，需要闪烁晶体具有高光输出量、短衰减时间、快的初始速率等特性，同时，为了保证 PET 系统具有高灵敏度、高能量分辨率、高空间分辨率和良好的系统稳定性，还要求晶体具备高密度、高原子序数、不潮解等特性。

(2) 新型的光电转换器件：由于时间分辨率与光电探测器所探测到的光子数目的平方根成反比，要求光电探测器具有很高的量子效率，同时也需要其具有高的时间性能，如快速的上升时间、低的传输时间分布等。为了能够适用于商业生产，还要求其结构简单、成本低廉、性能稳定等。目前，SiPM 作为一种新的光电探测器，具有高增益、时间性能好、性能稳定、体积小、不受磁场影响、工作电压低、半导体工艺规模生产成本低等优点，在 TOF-PET 中具有潜在的应用优势。

(3) 快速、高效的自校正能力：主要包括全自动光电器件增益校正、全自动时间校正、全自动能量校正等。随着数字化技术在 PET 领域的引入，及其在 PET 领域的进展和已取得的成绩，这些全自动校正已成为可能。

(4) 精确的脉冲到达时间获取技术：脉冲到达时间的精确度直接影响系统的时间分辨率，已有研究单位通过研究脉冲特性以期获得精确的光子到达时间。

(四) 前端电子学

随着微电子设计技术与工艺的飞速发展，以数字信号处理器(digital signal processor，以下简称 DSP)、FPGA/CPLD 和 ASIC 为主导实现 PET/SPECT 前端电子学的全数字化、小型化、模块化，已成为发展趋势和研究热点。

1. 全数字化 “将数字化提前”已经成为前端电子学设计的趋势，其优势主要在于：

(1) 数字信号能够克服模拟信号的失真，抑制模拟信号无法逾越的噪声问题，且具有稳定性好、可靠性高、抗干扰能力强等特点。

(2) 经数字化的信号能够充分利用各种数字信号处理手段，提高后续电路处理的灵活性，从而对增加系统功能、提高系统性能具有巨大的优势。例如：可以直接对光电器件输出的闪烁脉冲进行数字化处理，从中直接提取事件的时间信息、能量信息、位置信息和反应深度信息，同时也可以对光电器件输出的闪烁脉冲进行建模，获取闪烁脉冲的脉冲模型和噪声模型，有效利用信号的先验知识，进行实时的非线性预测和估计。

(3) 全数字化可以使 PET 前端电子学从基于信号流上进行分割成为可能，以便使探测器模块化构成延展到电子学部分，形成能获得单事件位置信息、能量信息和时间信息的紧凑模块。

2. 模块化 基于数字信号处理技术的全数字化方案的提出，为模块化的系统结构设计提供了必要条件。每个模块完成一个特定的子功能，将所有的模块按某种方法组装起来，成为一个整体，完成整个系统所要求的功能。模块化简化了系统设计，增加了系统功能的可扩展性。此外，模块作为可组合、可分解和更换的单元，便于系统设备的调试、维护和更新，有利于实现系统的全自动校正。模块化的系统结构设计思想，为研究应用适应性 PET 系统提供了有利条件。

3. 应用专用集成电路 随着半导体工业的飞速发展，ASIC 以体积小、功耗低、可靠性高、保密性强、成本低的优点，越来越受到探测器电子学开发者的青睐。通过引入 ASIC 技术，将 PET 电子学中的各功能模块集成为应用专用部件（如：多阈值电压模块 MVT），既可以提高电子学系统的数据处理速度，减少脉冲堆积（pileup）的发生概率，进而减少系统死时间（dead time）；同时也可以实现 PET 电子学系统的小型化，有利于推动新型光电检测器件（SiPM）在 PET 探测器或者多模医学成像中探测器的应用。以美国布鲁克海文实验室（Brookhaven National Laboratory）的 RatCAP 探测器为例。其数字化设计，实现了可编程控制前方增益，低噪声、差分数字通信，可选择能量窗等多种功能；整个环形探测器外直径不过 8 厘米，重量小于 250 克；并通过模块化的设计思路将相同的十二路电子学模块完整地拼成了一个探测器环。

4. 小型化 目前，随着探测器技术的不断发展，单位空间内探测器所需的探测单元日趋庞大，这必然要求电子学走向小型化，高密度，以满足在较小空间内安装多路电子学电路的要求。例如新型光电检测器件 APD、SiPM 的出现，对前端电子学电路的性能提出了更高的要求，传统的基于印刷电路板（printed circuit board，PCB）设计的前端电子学已难以满足电路处理的需求，而基于 ASIC 技术的应用专用部件的出现，将从根本上突破上述瓶颈限制。

二、多模成像

近十年来各种新的医学成像设备得到了迅速的发展，并广泛应用于临床诊断和治疗中。为了使多次成像或多种成像设备的信息可以得到综合利用，弥补信息不完整等因素引起的缺陷，使临床的诊断和治疗更全面准确，多模（multi-modality）医学图像配准得到了广泛的应用和发展。由于不同模式的设备对人体内大到组织，小到分子、原子有不同的灵敏度和分辨率，因而它们具有各自的适用范围和局限性，多种模式图像的结合能充分利用图像自身的特点并做到信息互补。

目前的医学成像模式可分为两类：功能成像（SPECT、PET 等）和解剖成像（CT、MRI 等）。功能图像空间分辨率较差，但它提供的脏器功能代谢信息是解剖图像所不能替代的；解剖图像以较高的分辨率提供了脏器的解剖形态信息，但无法反映脏器的功能情况。将功能图像和解剖图像进行配准融合，可以使功能成像和解剖成像技术相互取长补短，在同一幅图像上同时表达来自人体的多方面信息。

（一）PET/MRI

在生物医学研究中，功能成像技术在分子水平上是一个新兴的领域，目前一种融合两种成像方法的双模成像技术热点是 PET/MRI。PET 的优势在于它能高灵敏度跟踪标记物在体内的分布，但缺乏解剖形态结构信息；MRI 成像敏感性较低，但能产生高软组织对比信

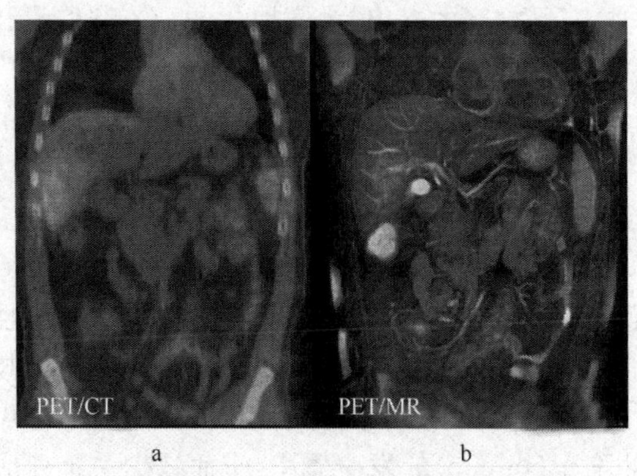

a　　　　　　　　b

图 5-5　PET/CT、PET/MR 融合对比图像

a. PET/CT 融合图像；b. PET/MR 融合图像

息和功能磁共振成像。软组织通常是癌症多发的部位，相比于 CT，扫描相同的生理条件，磁共振成像的解剖结构的图像能够提供更好的软组织对比度，如图 5-5 所示；并且，MRI 不产生任何电离辐射，能适用于一些对辐射剂量限制的研究领域（如儿科）。然而，在 MRI 所提供的强大磁场下（一般为 1.5～11.7T），传统上采用 PMT 的 PET 探测器将无法正常工作，因而越来越多的研究组将目光投向了工作不受磁场影响的固体光电转换器件（如 APD、SiPM 等）来开发 PET/MRI 双模影像设备，甚至于综合四种分子影像技术（PET、MRI、fMRI 和 MRS）的多模成像设备。同时的 PET/MRI 成像能够减少扫描时间，并提供功能磁共振成像。PET/MRI 能够在血流与代谢的研究中加入时间相关信息或脑的研究中开展有关受体的表达的研究，更重要的是能够评估流动、扩散、灌注和心肌运动等。

传统上的多模成像是将两种或多种模式的成像设备对同一目标分别造影，然后再用图像配准的方法进行图像融合。非同时成像将导致融合图像信息的不准确，从而致使诊断可能存在误差。在检测的过程中，患者的身体可能会发生移动，并伴随着一些不可避免的生理上的运动（如呼吸运动、肠胃运动等），这些移动都会对图像配准的精度产生影响。面向对多个生理参数或生化参数进行同时多参数成像，如利用多模装置对灌注与代谢同时成像，开发用于多模成像设备的探测器将成为下一阶段发展的重点。

1. PET/MRI 双模成像探测器　MRI 在解剖结构上能够提供高分辨率的活体造影，尤其对于癌症多发的软组织，具有较 CT 更高的对比度。PET/MRI 因为能同时提供高软组织对比度的结构图像而被认为在临床中有更大的应用前景。PET/MRI 可能实现的数据同时获取，将在很大程度上减小由后期图像配准所引起的误差，从而使得灌注与代谢同时成像成为可能。

在 MRI 所提供的强大磁场下，传统上采用 PMT 的 PET 探测器将无法正常工作，因而越来越多的研究组将目光投向了工作不受磁场影响的固体光电转换器件（如 APD、硅 SiPM 等）来开发 PET/MRI 双模影像设备。APD 不受强磁场的影响，但由于其增益较低（10^4 左右，PMT 为 10^6 左右），噪声较大，PET 探测器的性能仍然较低，难以最终获得实际的应用价值。SiPM 以其较高的增益、体积小、规模生产成本低等诸多优点成为目前备受关注的在磁场中正常工作的倍增器件，为 PET/MRI 双模成像设备的开发提供了方向。

2. 新的研究方向和技术

(1) 研究方向：将 SiPM 用作 PET 探测器的相关特性研究和基于 SiPM 的 PET/MRI 共用探测装置及数据获得系统的开发。

(2) 主要技术：在开发和优化 PET/MRI 设备中所急需的关键部件，即不受磁场影响的 SiPM/PET 探测器中所需的适用于 SiPM/PET 探测器的闪烁脉冲全数字化技术和系统集成方法等两项关键技术。

（二）PET/SPECT

基因组学、分子与细胞生物学的新发现说明人类疾病可用小动物作为模型进行研究，但通常要杀死大量的动物来做离体的组织分析和分子水平的分析。发展最快的是诸如分子影像和反义核酸成像的领域，因为这是弄清基因和生物大分子功能的关键。跨入21世纪之后的医学影像学使得分子影像技术成为重要的研究方法，该领域的发展方向不仅是面向临床诊疗，也包括新药开发和人体科学基础研究，而PET/SPECT是目前开展分子水平成像最合适的成像模态。

PET/SPECT的优势在于可以对多种示踪剂和分子探针进行造影。在临床和生物医学基础研究中，参与各个组织新陈代谢的标记物示踪剂的类型并不一样，同时标记多个新陈代谢过程对于某一疾病的研究是十分必要的，特别是对分子影像的要求。如，对阿尔茨海默病的PET/SPECT受体显像的临床研究脑功能的成像，需要标记中枢神经系统乙酰胆碱、苯二氮䓬类、5-羟色胺、多巴胺及组胺等递质的受体及受体亚型水平，这其中用到的 ^{11}C、^{15}O、^{18}F 是正电子射源，可以用PET进行探测，而另外需要的 ^{123}I 是单γ光子射源，需要用SPECT进行成像，因而需要结合PET和SPECT进行多模成像造影。

对于临床前研究，小动物PET/SPECT有助于促进基础医学研究和药物开发过程，帮助研究人员确定具体的生物过程，监控化合物功效，评估疾病发展进程。融合先进成像技术和分子生物示踪剂的分子医学，可以确定疾病路径，对新治疗措施进行评估。随着越来越多的针对特定疾病的生物示踪剂的研发成功，研究人员将能大大加快新药的上市速度。并能为用户提供多种解决方案以及最优异的性能和多功能性，满足从理论和转化研究至药物研发等多种科研需求。

1. PET/SPECT共用探测器　由于PET和SPECT都是对γ光子进行采集和处理，其探测器本身的同质性为共用探测器提供了良好的基础，目前的研究采用在SPECT中加入符合线路使其具有类似PET探测器的准直，然而，其效果受到灵敏度和成像时间的影响。目前，研究用PET探测器完成SPECT的成像成为了新的焦点。

2. 新的研究方向和技术　SPECT准直器技术用于PET/SPECT共用探测器；实时不同能量的光子探测区分技术。

三、基于临床设备的高分辨率动物核素成像装置

专用于小动物成像的动物SPECT系统是近年来SPECT的热点研究领域。许多临床研究机构和制药企业对动物SPECT有着广泛需求。与临床SPECT相比，小动物成像要求SPECT视野较小（如对小鼠成像为3～4cm），但对空间分辨率要求更高，国际上最先进的动物SPECT已达到半毫米级（～0.5mm）的水平，如图5-6所示。在我国，临床SPECT装机量已达450多台，但动物SPECT系统现仅有1～2台。其主要原因是商业动物SPECT设备售价过于昂贵，严重阻碍了其市场发展。部分研究单位在无力购置动物SPECT的情况下，在临床SPECT上开展小动物成像研究，但其空间分辨率受到极大限制。

（一）嵌入式SPECT成像系统

我国具有丰富的临床SPECT装机资源。尽管临床SPECT探测器的固有空间分辨率较差（3～4mm），但具有较大的探测面积和几何孔径。如果去掉临床成像准直器而代之以

嵌入式的小动物成像专用准直器和同步运动控制装置，在几何上获得较大的放大倍数，则可利用针孔准直器的放大效应获得远好于固有空间分辨率的成像性能，示意图如图 5-7 所示。与采用昂贵的准直器针孔材料或者高成本的专用动物 SPECT 探测器来获得高空间分辨率相比，采用现有临床 SPECT 探测器，并通过改变几何放大倍数提高分辨率可以显著降低成本，提高市场应用价值。

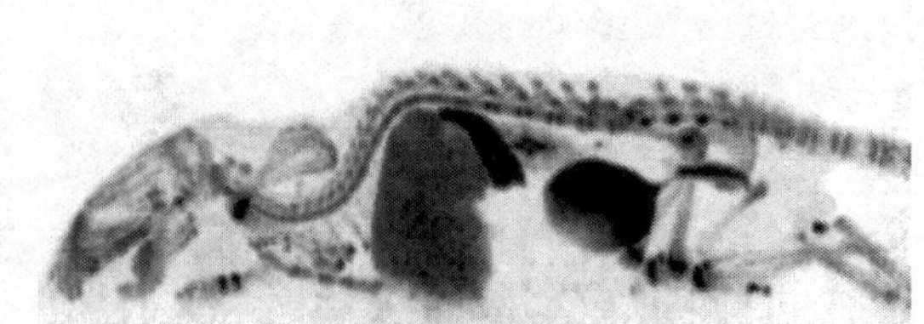

图 5-6 高分辨率 SPECT 小动物图像

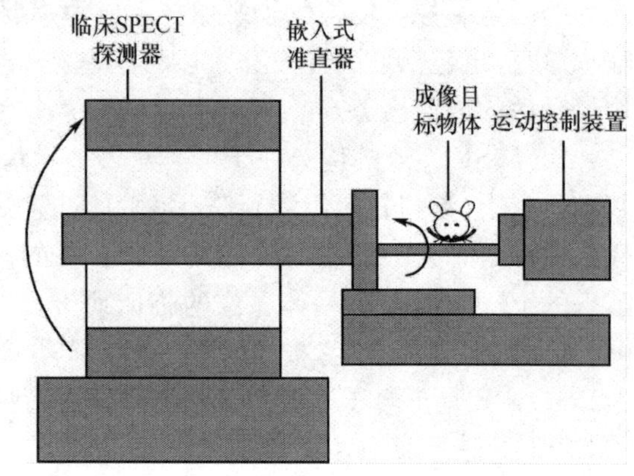

图 5-7 嵌入式 SPECT 成像示意图

（二）高灵活性动物 SPECT 准直器模块

准直器模块是动物 SPECT 的核心部件，它决定了 SPECT 成像分辨率和探测效率。

通过最优化设计多针孔准直器的针孔孔型、孔径、排布方案、物距/像距等关键参数，可以获得成像空间分辨率/成像视野/探测效率等成像性能的最佳折中。同时，由于临床 SPECT 系统具有大几何孔径，通过可更换式的动物 SPECT 准直器模块，可以针对不同成像目标获得最优化的成像效果：

1. 高分辨率探测模式 系统成像分辨率达到国际先进水平的 0.5～0.7mm，用于脑成像和局部肿瘤成像等需要高空间分辨能力的场合。

2. 高灵敏度探测模式 在保持亚毫米级空间分辨率的前提下获得最大化的探测灵敏度，从而实现快速全身成像或心脏门控动态成像。

3. 大视野模式 以获得更大视野为优化目标，使系统还可以对大鼠等不同动物成像，具有更大的灵活性。

（三）高精度 SPECT 几何刻度技术

小动物 SPECT 的成像性能对系统几何参数测量的准确性极其敏感，微小的测量误差都可能导致分辨率的下降及在图像中产生伪影。当 SPECT 分辨率为 0.5mm 时，要求 SPECT 几何参数刻度误差不得超过 50μm。需要通过设计专门的高精度 SPECT 刻度测量实验和数据处理算法，对系统几何旋转中心、探测器倾角、针孔中心位置等几何参数进行高精度刻度，并在 SPECT 图像重建算法中对上述参数进行建模或校正，从而获得高分辨率的 SPECT 图像数据。

四、多约束图像重建

(一) TOF 和 DOI 约束

目前,单纯地就图像重建方法来说,如果把所有的信息不经分类和建模,都试图用一个复杂的、非线性的数学判据来包括,结果往往是不可预料的;有限地使用信息,虽然可以得到预期的结果,但图像的重建质量是有限的。

根据数据源的不同,PET 图像重建可以分为基于 Sinogram 数据和 List-Mode 数据的图像重建,以往的研究主要是基于 Sinogram 数据。最近,由于有潜力得到更好的图像重建结果,基于列表模式数据(list-mode data)图像重建得到了关注。List-Mode 数据由于保留了时间信息,从本质上有利于研究引入新的光电器件后,基于探测器模块和数据获得系统的多约束图像重建。

TOF 技术即利用光子到达探测器的时间差来估计正电子湮灭位置。因此,系统的时间精度直接决定了 TOF 信息的质量。传统上,由于时间分辨率难以实现 1ns FWHM 以上的性能,由时间精度带来的位置不确定性为 30cm FWHM,因而难以在实际重建中体现价值。如图 5-8a 所示,目前在临床 PET 系统中,普遍的做法是忽略 TOF 信息,采用传统的基于 Sinogram 数据的方法实现重建。

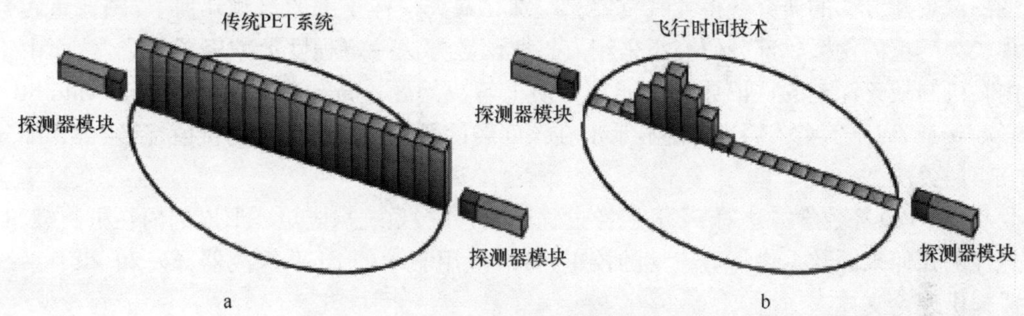

图 5-8 非 TOF 重建和 TOF 重建比较

a. 传统 PET(Non-TOF);b. 飞行时间(TOF)PET

近年来,随着闪烁晶体和光电转换器件的快速发展,PET 系统时间分辨率有望提高到 300ps FWHM 以下,因此,在实际系统中实现 TOF 图像重建成为可能。近年来,已有国内外部分研究组提出在基于 List-Mode 数据的迭代重建算法中,加入 TOF 信息约束进行重建。如图 5-8b 所示,即对光子发射位置加入约束,限定在一定范围内且确定其满足高斯分布。结果显示,加入 TOF 约束信息有效地提高了图像质量。

进一步地,部分研究组提出在 TOF-PET 系统中,用小于物体尺寸的时间窗,实现 TOF 约束的 PET 解析重建方法。将是未来 TOF 约束重建方法发展的重要方向。

(二) DOI 约束

另外一个值得注意的约束条件是 DOI 约束。视差错误是影响空间分辨率性能的一个重要因素。在环状的 PET 系统中,视差直接导致空间分辨率随着图像点离圆环中心的距离的增加而单调下降。例如,小动物 PET 系统采用 8. 6cm 半径的圆环结构,径向的空间分辨率从中心的约1.8mm，到3cm处的2.4mm，到5cm处的3.8mm。传统上解决环状PET的视差问题的常用办法是使用一个比FOV大得多的探测器环。例如，小动物PET系统在横截面方向的FOV半径是5.6cm，仅仅是探测器环半径的65%。这种方案的缺点是：①在探测器轴向长度一定时减少了探测的立体角度数，从而降低了系统的敏感度；②需要更多的探测器来填充探测器环，从而增加了系统的成本。如果使用DOI探测器，可以在不牺牲系统敏感性的基础上提高图像的空间分辨率及其均匀性。因此，可以认为，DOI作为图像重建的约束可能提高PET的图像重建质量。

(三) 探测几何约束

近年来，针对不同的具体应用，一些区别于传统探测几何的探测器结构得到广泛关注。部分研究组利用一对平板探测器实现了高灵敏度的小动物PET系统(dual head small animal PET)，在FOV中心位置获得了约27%的灵敏度。

同时，PET探测器开发过程中的诸多实际工程问题也导致无法得到规则的探测器模组耦合方式。光电转换器件和晶体模块的尺寸不一致导致探测模组间存在缝隙，造成探测器的几何不一致性。部分研究组采用光导连接晶体和光电转换器件解决以上问题，然而却造成了探测器能量分辨率的下降。

实际应用需求的使得非理想几何的探测器有巨大的使用前景，进而导致基于非理想几何的图像重建方法的研究变得尤其重要。特别在缺失采样角度的探测几何下，图像重建会出现较为严重的伪影。部分研究组采用点扩散函数方法一定程度上减轻了伪影，然而由于对内在机制缺乏深刻的认识导致未能从本质上解决问题。奇异值分解(singular value decomposition，以下简称SVD)方法显示出在该问题的研究上具有潜在的价值，已经得到部分研究组的关注。

利用SVD等数学方法对PET成像过程建模，分析系统响应矩阵形成的内在机制，对非理想探测几何来源数据进行适应性的校正，将对应用驱动的PET探测器开发和PET系统集成提供理论支撑。

第三节　高分辨率SPECT仪器设备的研究

一、国内外发展现状

国际上对应用于小动物成像的高分辨率SPECT系统的研究开发工作始于上个世纪90年代初。迄今为止，已有多种商业或研究型小动物SPECT系统问世。国外许多研究组和医疗系统制造企业开发了多种小动物SPECT成像系统。如美国亚利桑那大学开发的FastSPECT和GE公司的explore SPECZT为代表，采用昂贵的CZT等材料制造探测器以获得高固有空间分辨率，同时配以针孔式(pin-hole)或者缝-槽式(slit-slat)准直器。荷兰乌特勒支大学与MI Labs公司开发的U-SPECT，采用钨制准直器筒+大量昂贵的金制准直孔模块以减小针孔穿透效应。典型产品还包括BioScan公司开发的NanoSPECT和Siemens公司生产的Inveon PET/SPECT/CT系统。现代小动物SPECT成像系统可达到0.5～1mm的空间分辨率，但其高昂的成本在很大程度上限制了其市场应用前景。

近年来，我国临床SPECT和PET系统飞速发展。我国临床SPECT装机台数已达450

台,PET 和 PET/CT 装机数目超过 100 台。我国已有数家研究单位在开发小动物成像系统,如清华大学正在开发 PET/SPECT/CT 多模式小动物成像系统,中国科学院上海应用物理研究所、北京大学物理学院和上海理工大学等多家单位也在分别研制基于针孔准直原理的小动物 SPECT 或 SPECT-CT 系统。但与 SPECT 在临床的应用规模相比,小动物 SPECT 的商业装机数目屈指可数。

二、需求分析

作为分子成像的重要检测手段之一,小动物 SPECT 在临床基础研究和制药行业中具有重要的应用价值。如有些医院单位在缺乏小动物成像专用系统的条件下仍然利用临床 PET 或 SPECT 开展小动物成像研究,但其分辨率等性能受到极大限制,严重影响成像质量。由于市场上小动物成像系统售价过高,而其本身并不带来盈利,医院单位难以负担其高昂的成本投入,市场上具有对低成本、高性能的小动物 SPECT 成像装置的迫切需求。而另一方面,各医院单位已具有丰富的临床 SPECT 设备资源,如果能够充分利用临床 SPECT 探测器的大探测面积、大几何孔径特点,开发低成本/高分辨率的小动物 SPECT 成像装置,对已有 SPECT 的临床研究单位是一条有效地解决成本和需求矛盾的途径。

三、主要研究内容和目标

研究目标:在现有临床 SPECT 系统上研发小动物成像 SPECT 设备,达到如下指标:①对小鼠成像的空间分辨率达到世界先进水平的 0.5～0.7mm;②探测效率达到 0.01%,与国外同类产品相当;③视野设计上具有更高的灵活性,可对大鼠成像;④成本远远低于市场上现有小动物 SPECT 专用系统。

研究内容:①设计和制造嵌入式、多针孔、高分辨率准直器模块;②高精度多自由度小动物扫描床控制系统的研发;③在临床系统上的小动物成像数据采集及校正软件模块的开发;④高精度 SPECT 系统参数刻度方法的研究;⑤高分辨率、定量 SPECT 3D 重建算法研究与实现;⑥小动物 SPECT 图像显示与分析软件的开发。

四、实施方案和可行性分析

1. 高灵活性的嵌入式准直器模块制造 准直器模块是实现高分辨率 SPECT 成像的核心器件。由于本案例基于具有大几何空间的临床 SPECT 探测器,因而准直器模块设计具有极大的灵活性。如图 5-9a 所示,将由多块准直器板拼成的准直器模块嵌入临床 SPECT 系统中,对位于准直器模块中心区域的小动物进行成像;如图 5-9b,在每块准直器板上设置多个嵌入针孔模块;图 5-9c 所示为一个单独的针孔模块。在上述设计中,准直器针孔到探测器的距离(像距)、小动物到准直器针孔的距离(物距)、准直器上针孔的数目、位置、倾斜角度、排布方案、针孔模块的材料、每个针孔的孔径、张角、屏蔽高度等影响 SPECT 成像性能的关键参数均可灵活调节。针孔模块和准直器板分开加工且具有标准的外形配合尺寸,既可在同一块准直器板上使用不同孔径的针孔模块,也可通过更换准直器板来实现不同的多针孔排布方案,从而以最小的成本实现高灵活性的可更换式 SPECT 准直器设计,针对不同成像目标,采用不同探测模式获得最优化的成像效果。

(1) 高分辨率探测模式:系统成像分辨率达到国际先进水平的 0.5～0.7mm,用于脑成像和局部肿瘤成像等需要最高空间分辨能力的场合。

(2) 高灵敏度探测模式：在保持亚毫米级空间分辨率的前提下获得最大化的探测灵敏度(＞0.01%)，从而实现快速全身成像或心脏门控动态成像。

(3) 大视野模式：以获得更大视野为优化目标，使系统还可以对大鼠等不同动物成像，具有更大的灵活性。

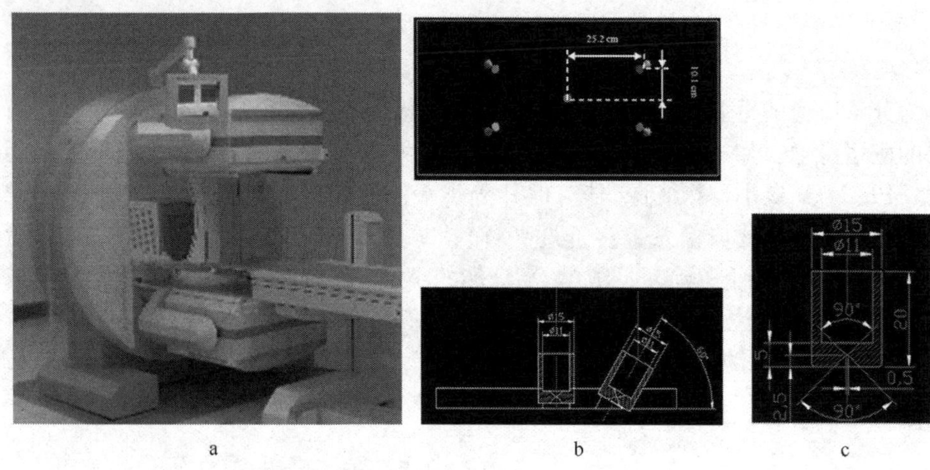

图 5-9　嵌入式准直器模块设计示意图

a. 为利用多块准直器板拼成的准直器模块与临床 SPE 系统组成的小动物 SPECT 系统；b. 准直器板上设置的多个嵌入针孔模块结构图；c. 单独的针孔模块结构图

2. 多自由度精密运动控制装置与高精度几何参数刻度技术　除准直器采用高灵活性的设计方式外，小动物放置于水平的扫描床上，将扫描床与多自由度的精密运动控制平台相连接，使小动物可以进行三维方向的平移运动及沿身体长轴的有限角度旋转运动。运动控制定位精度可达 3μm。按照成像目的和需求，通过最优化扫描运动控制方案并与迭代图像重建算法相结合。

小动物 SPECT 的成像性能对系统几何参数测量的准确性极其敏感，微小的测量误差都可能导致分辨率的下降及在图像中产生伪像。当 SPECT 分辨率为 0.5mm 时，要求 SPECT 几何参数刻度误差不得超过 50μm。需要通过设计专门的高精度 SPECT 刻度测量实验和数据处理模块，对系统几何旋转中心、探测器倾角、针孔中心位置等几何参数进行高精度刻度，并在 SPECT 图像重建算法中对上述参数进行建模或校正，从而获得高分辨率的 SPECT 图像数据。

3. 高分辨率、定量多针孔 SPECT 重建方法　采用基于极大似然统计模型的期望最大化算法，在重建传输矩阵中对针孔位置、针孔张角、光子在生物体内的衰减/散射效应、光子在针孔上的穿透和散射效应、光子在探测器内的多位置能量沉积和作用深度等诸几何参数和物理效应进行精确建模。建模过程采用解析计算、蒙特卡罗模拟与物理测量相结合的方法，获得测量精度、计算速度和测量时间的最佳折中。结合蒙特卡罗模拟和二维各向异性高斯函数拟合方法，给出一种新的推导系统传输矩阵的方法。该方法既具有蒙特卡罗方法的精确建模系统几何和物理特性的优点，又能减少统计误差，并所需系统传输矩阵的存储规模和重建计算时间。

4. 可行性分析　本项目案例在临床 SPECT 上实现 0.5mm 分辨率的小动物成像。尽管临床 SPECT 固有分辨率较差(一般为 3.5～4mm),但是其探测器具有较大的视野面积,通过合理选取准直器的参数,获得较大的放大倍数,可以在适于小动物成像的较小的视野范围内获得更高的空间分辨率。由于针孔 SPECT 成像的空间分辨率主要取决于放大倍数、针孔有效孔径(受针孔材料制约)和探测器固有空间分辨率,通过提高放大倍数来获得良好的空间分辨率,可以有效地降低成本,实现高分辨率 SPECT 成像。

另一方面,临床 SPECT 系统具有较大的几何孔径,从而可允许更大的小动物 SPECT 成像系统设计灵活性。通过优化设计适于不同成像任务的可更换式准直器模块,可以实现对小鼠的小视野成像的高分辨率成像,或对大鼠的大视野成像,并可根据具体需求设计不同的探测效率和空间分辨率的最优化折中。

图 5-10 给出了基于分辨率和绝对探测效率的针孔孔径与张角设计曲线。从中可以得到,当针孔孔径为 0.5mm,张角为 80 度时可以获得空间分辨率(<0.8mm)和探测效率(>5.4×10^{-5})的优化折中。在此基础上,初步的 5 针孔准直器设计方案如图 5-11a 所示。在采用 0.7mm 针孔孔径时,从图 5-11b 所示的对高分辨率热圆柱模型的模拟数据重建图像中已经可以获得 0.75mm 的空间分辨率。通过采用更小的针孔孔径、增加针孔数目并进一步优化几何物像距等参数并改进重建算法中的系统建模精度,其系统空间分辨率必可进一步提高。

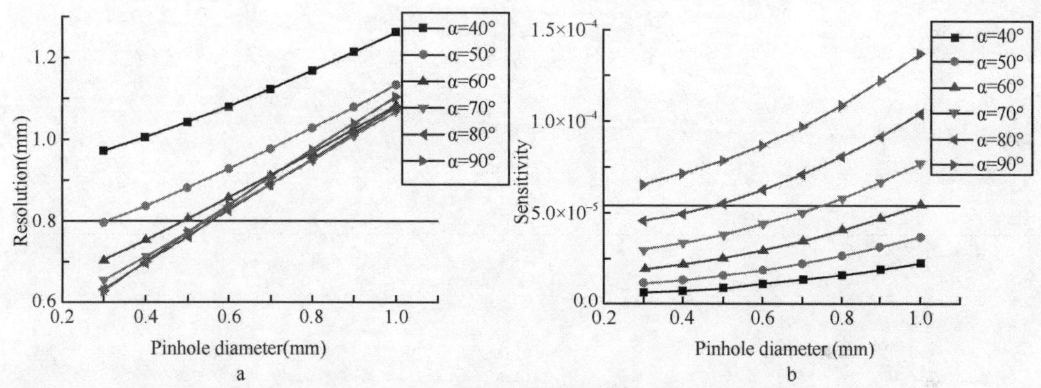

图 5-10 基于空间分辨率和绝对探测效率的针孔张角和空间最优化设计曲线

a. 空间分辨率;b. 绝对探测效率

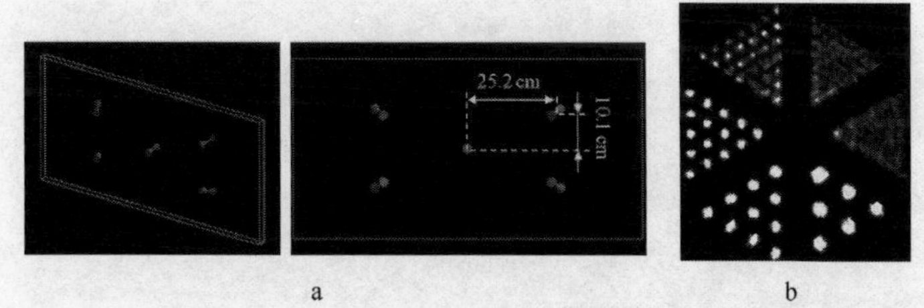

图 5-11 5 针孔准直器方案及其伤真得到的重建图像

a. 初步的 5 针孔准直器设计方案;b. 高分辨率热圆柱模型的蒙特卡罗模拟数据重建图像,圆柱直径从大到小依次为 1.7mm,1.35mm,1mm,0.75mm,0.6mm 和 0.5mm

五、预期成果的应用前景和技术影响力

本项目案例的成功研制可以实现对现有临床 SPECT 资源的充分利用。在临床

SPECT 上开发嵌入式高分辨率 SPECT 成像设备，能有效地降低成本，引起已有临床 SPECT 系统的医疗单位的极大兴趣，具有广泛的市场应用前景。其分辨率技术指标达到世界同类产品先进水平，并通过实现不同探测模式(高分辨率、高探测效率、大视野)，使本项目案例具有更大程度的应用灵活性。

六、应用实例

我国公司自主研发的 BHP-6601 型临床 SPECT 系统，其探测器有效视野为 510mm×390mm，其固有空间分辨率为 3.5mm，系统最大几何空间为 280mm。在 3cm 左右的小鼠成像 FOV 上可以获得 7～9 倍的放大倍数，使其固有空间分辨率对小动物成像分辨率的影响小于 0.5mm。通过优化设计针孔参数，并研发对成像系统精确建模的迭代图像重建算法以获得理想的空间分辨率恢复效果，可以在该产品上实现高分辨率小动物成像。初步 Monte Carlo 模拟的结果表明，采用孔径为 0.7mm 的针孔模块，可以在该系统上获得 0.75mm 的小动物成像分辨率。通过进一步优化多针孔成像装置的针孔孔径等参数(现有小动物 SPECT 系统其针孔孔径可达 0.1～0.3mm)，在此系统上进行 0.5mm 的小动物 SPECT 成像是可以实现的。

第六章

生物组织质谱成像方法及进展

分子成像是指在组织水平、细胞及亚细胞水平对特定分子空间分布的成像。一般来说，理想的成像技术应该能同时提供样品的各种不同物质分子的结构信息以及良好的空间分辨率。目前应用广泛的各种分子成像技术，例如光学成像、放射化学成像和正电子发射计算机断层成像等，都要求事先了解所感兴趣的分子物理或化学性质，再来设计各种标记的分子探针，如放射性同位素标记、荧光标记、化学发光物标记或化学染色物标记，都只能一次监测一种分子的表达情况。此外共存的其他结构相似分子易导致假阳性结果。

生物组织质谱分子成像技术（imaging MS，IMS）出现有助于解决上面的问题。IMS通过将质谱离子扫描技术与专业图像处理软件相结合，直接分析生物组织切片，产生任意指定质荷比（m/z）化合物的二维离子密度图，从而可以对组织中化合物的组成、相对丰度及空间分布情况进行分析和研究。相比其他的成像技术，质谱成像技术获得图像不需要对组织中的生物分子进行标记或染色，可直接以组织切片进行分析，操作方便和简单。

自从 Caprioli 课题组在 1997 年首次将质谱成像技术应用于组织样品中多种蛋白质和多肽的分子成像研究以来，质谱成像技术用于生命科学领域已经表现出其强大的生命力。质谱成像技术广泛用于组织切片中各类生物分子的分析研究，例如蛋白质、多肽、类脂或药物代谢物等等，从而得到潜在的生物标志物的空间分布，并且与其他分子成像技术相结合，可以用于组织病理特征、疾病诊断及生物标志物发现等。

第一节　质谱成像的原理和方法

目前应用于 IMS 研究的质谱按离子化方式来分主要有基质辅助激光解吸电离质谱(matrix assisted laser desorption ionization MS，MALDI-MS)和二次离子质谱(Secondary ion MS，SIMS)两大类。

一、MADLI-MS 质谱成像

MALDI-MS 是基于分析物分子与基质分子混合(混合比约为 1/5000)，在溶剂蒸发后形成分析物与基质分子的共结晶，当采用脉冲激光(一般为紫外激光)中照射晶体时，由于基质分子经辐射所吸收的能量使分析物分子离子化，从而在质量分析器中得到检测。MALDI 质谱成像技术通过将 MALDI 质谱离子扫描技术与专业图像处理软件结合，直接分析生物组织切片，产生任意指定质荷比（m/z）化合物的二维离子密度图，可以对组织中化合物的组成、相对丰度及分布情况进行分析。一般来说 MALDI-IMS 方法可以分为组织切片、基质覆盖、质谱分析和图像处理四部分（图 6-1）。

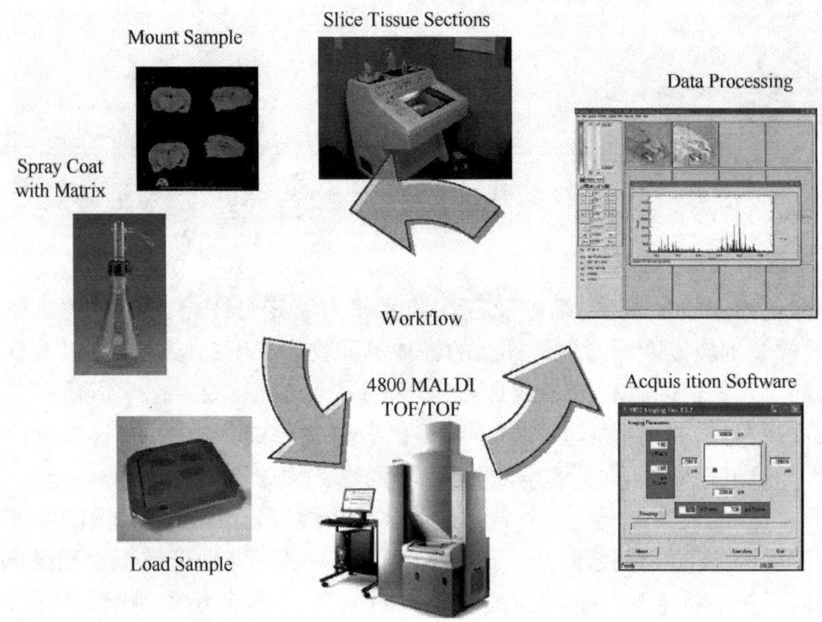

图 6-1　MALDI-IMS 方法步骤示意图

(一) 组织样品制备

组织样品切片是 MALDI-IMS 分析的基础，因此标准化的组织样品处理过程是方法的可靠性和重复性的重要保证。一般来说，在组织切片前，得到的新鲜组织需要立即置液氮中冷冻 2～3 分钟，如果冷冻后的样品不立即用于下一步实验，则需保存于－80℃。快速冷冻组织样品有助于维持分析物的空间分布和防止分析物的降解。

冷冻后的组织在恒温冷冻切片机上进行切割，切割平台的温度根据组织类型保持在－25～－5℃。切片厚度一般在 5～20μm，可保证质谱分析时足够的组分浓度。此外，在切片过程中，要注意防止形成冰晶、避免切片打卷或起皱褶、和避免切片表面受到冷冻切片机所使用的温度控制高分子材料(optimum cutting temperature polymer)的污染。

得到的组织切片迅速置于冷的 MALDI 靶板，然后在真空干燥条件下处理约十分钟，移去切片中可能的水分。最近的研究表明，采用适当的有机溶剂，如乙醇或异丙醇，洗涤组织切片，可以在不破坏蛋白质空间分布的前提下，除去干扰 MALDI 分析的许多有机盐小分子和脂类分子，从而极大地提高组织切片中蛋白质的检测灵敏度。

(二) 基质覆盖

基质的选择和覆盖过程是得到高质量和重现性好的质谱图的关键所在。在目前的质谱成像技术中，基质覆盖方法主要有两类：点样法和喷雾法。点样法是用手工操作的方法将基质溶液直接点于样品表面。尽管该方法操作方便，但是其缺陷在于容易产生相对比较大的样品点(直径 1～2mm)和方法重现性较差，可以用于得到分子成像轮廓图，但对于质谱成像分析不利。目前应用广泛是自动化得超声点样法(acoustic deposition)和打印点样法(inkjet printing)。这两种点样方法都可以让每个基质样品点排列紧密而且相互分散，并且样品点的直径比较小(80～200μm)。而喷雾法则是将基质溶液均匀的喷在组织切片的表面，这样得到基质样品点与基质的本身形成的晶体大小相关，一般为直径 1～20μm。其质谱成像后的图像分辨率更多的决定于所采用的激光在样品表面上产生的光斑大小以及在组织切片表面扫描时采取的步长(raster)大小，喷雾法能产生比点样法更高质量的图像，具有更广泛的应用前景。需要指出的是，喷雾法在样品处理过程中必须避免组织切片的过分湿润而使分析物空间位置发生迁移。

不同种类的基质和溶剂的选择对分析对象的离子化有决定性的影响，因为不同的基质分别有其对应的适合检测的化合物分子。常用的基质化合物有 3,5-二乙氧基-4-羟基肉桂酸(又称芥子酸，SA)、α-氰基-4-羟基肉桂酸(CHCA)和 2,5-二羟基苯甲酸(DHB)。其中，溶于50%～60%乙腈 SA 溶液适用于高分子量的蛋白(大于 5000 Da)，具有比较高的灵敏度和质量分辨率；对多肽分析通常采用 CHCA 或 DHB 的 50%乙腈溶液；DHB 的 60%～70%乙醇溶液适用于脂类化合物分子的分析研究。

离子液体(ionic liquid)基质是目前 MALDI 基质研究的热点之一。由于它自身在室温下为液体，其易与样品分子形成均相溶液，重现性和真空稳定性好。离子液体作为基质不仅可以提高质谱信号强度，而且具有更好重现性，相对于晶体型的其他基质分子具有更低的检测下限。目前已有报道将离子液体基质成功用于小鼠脑组织不同结构神经节苷脂(gangliosides)的分布质谱成像研究。

(三) 质谱谱图的获得

由于 MALDI 质谱成像技术所采集的信号是由激光轰击基质后激发样品分子后产生的，而当晶体的尺寸比较小时，质谱的成像分辨率取决于激光光束的尺寸大小。通常激光产生的光斑直径大小为 100～150μm，这样导致质谱成像的空间分辨率比较低。研究人员通过对 N_2激光和 YAG 激光进行技术改造和软件控制，可获得较好质量和较高重复性的质谱谱图，将空间分辨率提高到 10 μm 左右。

目前所报道的 MALDI 质谱成像技术研究针对不同的研究对象和目的采用了多种质量分析器，例如时间飞行质谱(time of flight, TOF)、串联时间飞行质谱(TOF-TOF)、三级四极杆-时间飞行质谱(Q-TOF)、离子淌度-飞行时间联用质谱(IM-TOF)和傅里叶变换离子回旋质谱(FT-ICR)。一般根据所需要的检测对象和具体需求选择合适的质谱分析器及其检测模式，其中目前质谱成像中最为常用质量分析器是飞行时间质谱，串联的质谱分析仪则用于鉴定所测定的未知分子的结构。

在进行质谱扫描之前，按所需要测定组织切片的大小，首先定义质谱扫描区域的尺寸。然后根据尺寸大小和实验所需要图像分辨率将所检测的区域均分为若干点组成的二维点阵。在质谱仪中，激光束按前面设定好的自动扫描参数在软件控制下对组织切片进行连续的扫描，软件控制采集质谱数据，组织样品在激光束的激发下释放出的分子被质谱仪所鉴定从而获得样品上每个点的质荷比(m/ z)信息。

(四) 质谱图像处理

在每个样品点上，所有质谱数据经平均化处理获得一幅代表该区域内化合物分布情况的完整质谱图。仪器逐步采集组织切片的质谱数据，最后得到具有空间信息的整套组织切片的质谱数据，这样就可以完成对组织样品的“分子成像”。设定 m/ z 的范围，并选定峰高或者峰面积来代表生物分子的相对丰度，即可形成该组织样品中各种生物分子相对应的空间分布质谱图像。

与一般光学成像类似，图像中的彩色斑点代表化合物的定位，每个斑点颜色的深浅与每一个点或像素上检测到的相应化学物分子质谱信号大小相关。选择组织图像上的任意一个斑点，图像都能够给出一个质谱谱图，代表在组织中这一部位中各种生物分子的分布信息。质谱分子成像技术是一种半定量或相对定量技术，图像上颜色深的部分表明有更多的生物分子聚集在组织的这个部分，并不能确定生物分子在组织的不同部位的实际绝对含量。通常都是对得到质谱谱图进行数据处理和统计学意义分析后，鉴定出组织中差异表达的质谱峰并确定其所代表的生物分子结构，并且与已知的标准样品分析对照，从而进行生物标志物的发现和药物分子作用的监控。

二、SIMS 质谱成像

SIMS 是通过用一次离子（primary ion）激发样品表面，打出极其微量的二次离子（secondary ion），然后通过四极杆质谱或飞行时间质谱对二次离子进行质量分析。SIMS 是当前材料科学中应用最广泛的分析技术之一，在半导体材料的表面分析起着重要的作用。随着 SIMS 技术的进步，其应用范围也扩展到生物组织样品的成像研究。除了采用不同离子源而导致不同样品处理过程，SIMS 成像原理与方法与 MALDI-IMS 基本相似。

（一）离子化源的选择

早期 SIMS 采用的离子化源为 Ga^+ 和 In^+ 液态金属场发射源，由于它们的高激发能量会导致有机大分子的离解，因此只能局限于分子量小于 200 道尔顿的化合物测定。团簇金属离子（metal cluster ion）和多原子离子（polyatomic ion）的引入则是较大有机分子的检测成为可能。团簇金属离子有 Au_{x+} 和 Bi_{x+}（x=1-7），它们可以在保持亚微米图像分辨率的情况下较大地提高有机大分子的检测灵敏度。多原子离子束则有 SF_{5+} 和 C_{60+}，与团簇金属离子相比，它们同样对有机大分子有好的灵敏度，但是其图像分辨率较差。在 SIMS 生物组织样品中成像分析中，一般根据实际的需要选择合适的离子束，目前应用较为广泛的离子束为团簇铋离子束。

（二）组织样品的制备与处理

组织样品切片与 MALDI 质谱成像样品处理过程一致，均需要冷冻样品切片。所不同的是所得到的组织样品切片可直接用于 SIMS 分析，不用额外处理过程。当然目前也有研究表明如果将样品表面覆盖厚度为 nm 级的金或银薄膜，可以提高 SIMS 的检测灵敏度，但是为了减少分析步骤与样品干扰，大部分 SIMS 质谱成像研究都直接分析未经处理的组织切片样品。

三、MALDI 和 SIMS 质谱成像方法比较

（一）检测对象

MALDI-MS 是一种软电离技术，不产生或产生较少的碎片离子，并且由于它大多和 TOF 检测器联用，检测分子量范围大，可以从几百到十几万道尔顿。MALDI-MS 的离子化过程这些特点使其适合应用于生物组织样品 IMS 中。与软电离技术的 MALDI 质谱成像

技术相比,SIMS 在生物组织样品分析的最大问题在于其对分子量大于 1000 道尔顿的化合物的检测灵敏度极低,此外 SIMS 的离子化过程存在样品歧视,适合测定疏水性的化合物分子,例如脂类分子(lipids)。

(二) 样品处理

MALDI-MS 基于基质分子吸收激光能量后激发分析物分子,使其离子化得到检测的方法。基质分子的覆盖的质量与效率是影响质谱成像结果的重要因素之一,因此针对不同的分析对象选择合适的基质以及适当的基质覆盖方法是当前 MALDI 质谱成像的研究重点及难点之一。而 SIMS 成像技术能直接分析组织样品表面,避免了样品处理过程中可能导致的样品分子迁移与样品污染。

(三) 图像分辨率

MALDI-MS 质谱图像的分辨率取决于其激光光斑与基质分子与样品分子的共结晶晶体的大小。由于仪器条件的限制,MALDI 质谱成像的分辨率在 10～100μm 之间。而相比激光束,离子束所产生的更小样品斑点使 SIMS 质谱图像的分辨率小于 100nm,可用于单细胞水平的成像分析。

第二节　质谱成像技术的应用

一、MALDI 质谱成像技术应用

由于 MALDI-IMS 检测的分子量范围可以从几百到几万,因此它最大的优点是扫描范围很广,可以同时检测小分子量的药物、多肽片段及大分子量的蛋白质分子。在分析过程中不用事先知道所研究疾病或药物相关生物分子的信息,即可在组织切片中找到不同分子量的化合物分子,并提供这些分子在组织中的空间分布的精确信息,同时可对这些组分含量进行相对定量分析。串联质谱则可以方便的检测所测定的分子结构,同时根据蛋白指纹图谱（肽指纹图谱）鉴定成百上千的蛋白质,并观测感兴趣的目标蛋白在组织和细胞中的分布。

(一) 蛋白质和多肽

生物体内蛋白质和多肽的结构和含量的变化与其生理状态变化息息相关。目前研究表明,对蛋白质或多肽分子的表达量变化进行研究不仅有助于了解疾病的致病机理,而且可以作为疾病早期诊断的证据。质谱成像技术能同时测定几百个蛋白质分子及多肽分子的空间分布信息,因此广泛应用于各种病理组织样品的分析。

Chaurand 等人将 GL261 脑部癌细胞感染小鼠的左脑的组织切片进染色光学成像,染色结果表明肿瘤生长在脑部的左侧脑室,并且可以观测到肿瘤转移到右脑室。而质谱成像可以明显的观测到正常组织与癌组织的质谱信号差异,例如在正常组织中可以观测到分子量为 4 965、6 719、8 565 和 12 134 等分子的强质谱信号,而在癌组织中强的质谱峰则为 9,737、9,910、11,641 和 12,372。

Yanagisawa 等利用质谱成像技术得到非小细胞肺癌与正常肺组织中近 1600 个蛋白质分子的质谱峰信号,通过比较得到特定的蛋白质分析信号的差异,可对正常人和患有腺癌、鳞状上皮细胞癌或大细胞癌的患者的肺组织进行分类。双盲试验结果表明，该分类方法平均准确率超过95%。此外，通过分析癌组织中特异表达的蛋白质分子，对它们为作为肺癌早期诊断的生物标志物的可能性进行了初步探讨。复旦大学杨芃原课题组通过优化组织切片制备，基质覆盖，和质谱检测等质谱成像技术条件，也对来自3位患者的10对非小细胞肺癌组织切片及癌旁组织切片质谱成像研究，结果表明，其结果表明癌组织中有m/z 3000～3500范围内的特征性簇峰出现，可以直观地在分子水平上反映出癌组织和癌旁组织间的差异。

国家生物分析中心张学敏课题组也报道了将质谱成像方法用于高功率微波辐射后大鼠海马的蛋白质组分析，获得了正常情况下和微波辐射后大鼠海马组织质谱图像。采用累加平均谱的统计分析，得到正常与微波辐射处理的样品中的差异分子199个，其中上调194个，下调5个，这些表达差异分子可以有助于进一步了解微波辐射致伤效应和致伤机制。

老年性痴呆症(Alzheimer's disease，AD)一个重要的病理学特征，是在神经细胞外形成由β-淀粉样蛋白(β-amyloid，Aβ)组成的淀粉样斑和血管壁上出现β淀粉样蛋白的沉积物。目前的研究表明引起早老性痴呆的真正原因不应该是脑损伤，而应该是β淀粉样蛋白质对脑细胞的破坏。而传统的检测方法如酶联免疫或刚果红染色法只能提供淀粉样斑的分析信息，而不能区分组成淀粉样斑的β-淀粉样蛋白种类。Rohner等对老年痴呆模型的小鼠脑组织进行质谱成像分析，鉴定了五种不同长度的β-淀粉样蛋白多肽以及得到了它们的空间分布信息。结果表明Aβ-(1-40)多肽(m/z 4330.9)与其他β-淀粉样蛋白多肽相比含量最高，主要分布在颅顶骨，枕骨的皮质突出部和侧脑沟下部，与正常组织成像相比具有明显的空间特异性分布(图6-2)。这些质谱成像研究结果进一步证实了老年痴呆症的Aβ发病机制。

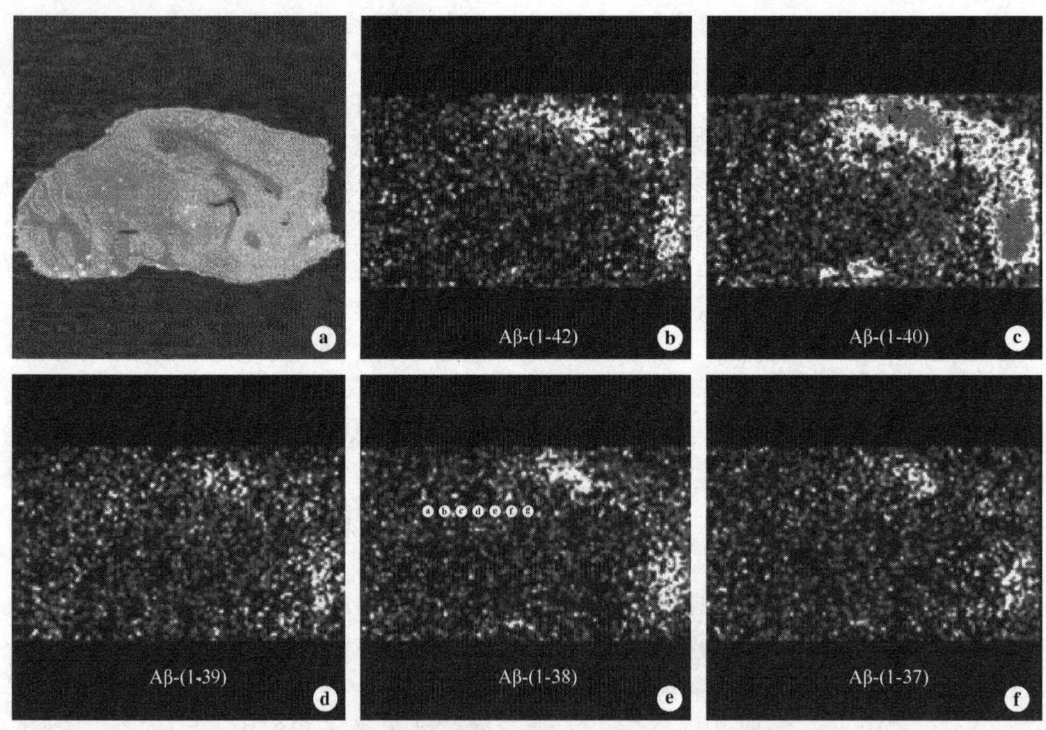

图6-2 老年痴呆模型的小鼠脑组织光学图像和质谱图像

a. 小鼠脑部组织切片的光学图像；b. Aβ-(1-42)分子图像(m/z 4515.1)；c. Aβ-(1-40)分子图像(m/z 4330.9)；d. Aβ-(1-39)分子图像(m/z 4231.7)；e. Aβ-(1-38)分子图像(m/z 4132.6)；f. Aβ-(1-37)分子图像(m/z 4075.5)

一般质谱成像的分子量上限为2万5到3万之间，因此给大分子量蛋白质的测定造成障碍。为了解决这一问题，Groseclose等人提出了原位胰蛋白酶水解蛋白质分子，从而将易于检测小分子量的多肽的样品处理方法用于质谱成像研究。对所测到的多肽分子进行串联质谱分析和数据库检索，进而得到对应的蛋白质分子信息。尽管原位酶解过程会导致组织中分析物分子的扩散影响分析结果的准确性，但是通过优化实验条件后其图像分辨率可以达到150μm。大鼠脑部组织的四个大分子量蛋白质分子的空间分布情况得到鉴定。最近，Seeley等人采用这一方法对100年前经过甲醛固定化处理的淀粉化患者的脑部组织的血清淀粉蛋白A(serum amyloid A)进行了质谱成像分析，所得到的结果与免疫染色和氨基酸分析的结果一致。

(二) 类脂类分子

类脂(lipid)是生物膜的主要组成成分，构成疏水性的"屏障"(barrier)，分隔细胞水溶性成分和细胞器，维持细胞正常结构与功能。类脂类分子包括磷脂、糖鞘脂和胆固醇三大类。磷脂是含有磷酸的脂类，包括由甘油构成的甘油磷脂和由鞘氨醇构成的鞘磷脂。类脂类分子的常规分析往往需要化学或生物提取方法，这样会破坏它们的空间分布信息。质谱成像则成为分析动物和植物组织类脂分子分布情况的有利的工具。由于类脂类化合物的分子结构中通常带有磷酸基团，因此通常采用负离子模式进行检测。

Hayasaka等人将MALDI-QIT-TOF用于小鼠视网膜的组织切片中的磷脂类分子进行成像分析。一共检测到16个质谱峰，分别属于四类磷脂酰胆碱分子(diacyl-phosphatidylcholine，PC)：PC(16：0/16：0)，PC(16：0/18：1)，PC(16：0/22：6)，PC(18：0/22：6)。这些化合物在视网膜中存在特征分布：PC(16：0/18：1)分布在视网膜的内核层和外网状层；PC(16：0/16：0)分布在视网膜的外核层和内段，PC(16：0/22：6)和PC(18：0/22：6)则主要分布于视网膜外段和色素上皮细胞。所建立的方法有助于将来了解视网膜光性传感模式和磷脂类分子在视网膜疾病中的作用。

Burnum等人对植入胚胎后的小鼠子宫组织中磷脂类分子的分布进行质谱成像分析，发现磷脂在子宫的空间分布于胚胎移植前后有很大的改变，并且通过与LC-ESI-MS/MS技术结合确定了多种带有亚油酸、花生酸、二十二碳六烯酸等脂肪酸结构的磷脂分子。

在通常情况下，应用于磷脂类分子成像研究的MALDI基质为DHB。Astigarraga等人提出了首次将2-巯基苯并噻唑作为基质分子用于类脂类分子的质谱成像研究。由于相比DHB，2-巯基苯并噻唑具有低蒸汽压，中性和形成更小结晶等优点，能提高磷脂质谱检测的灵敏度和质谱成像的图像分辨率。而用2-巯基苯并噻唑作为基质分子在小于500道尔顿检测范围内有较强的背景噪声，则可通过在添加Cscl得到解决。优化后的方法用于小鼠的肝部和脑部组织类脂类分子的测定，其质谱的精确度可以达到80ppm，并且方法具有良好的重现性。

神经节苷脂(gangliosides)是一系列含有唾液酸的鞘糖脂的总称，广泛存在于哺乳动物组织中，并特别富含于神经系统。神经节苷脂可占脑部组织中类脂类分子的重量的6%，在稳定的中枢神经系统发育起着重要作用。2009年，Li等人将质谱成像技术用于小鼠脑部的神经节苷脂分布研究。当采用DHB为基质时，神经节苷脂分子会发生唾液酸的离解，影响MALDI-TOF分析的准确性和灵敏度。为了克服这一问题，该课题组将离子液体基质(Im-CHCA)引入神经节苷脂的成像研究。离子液体基质的应用不仅可以提高检测灵敏度，而且还可以提高质谱图像的分辨率。相比传统的单克隆抗体免疫光学成像，质谱成像可以观察到带有相同寡糖基团和不同长度脂肪链的神经节苷脂在小鼠脑部海马区组织的不同分布情况。例如带有 N-C18 脂肪链修饰的 GM1 分子主要分布在 CA1 区，而带有 N-C20 则主要富集在海马齿状回区，见图 6-3。

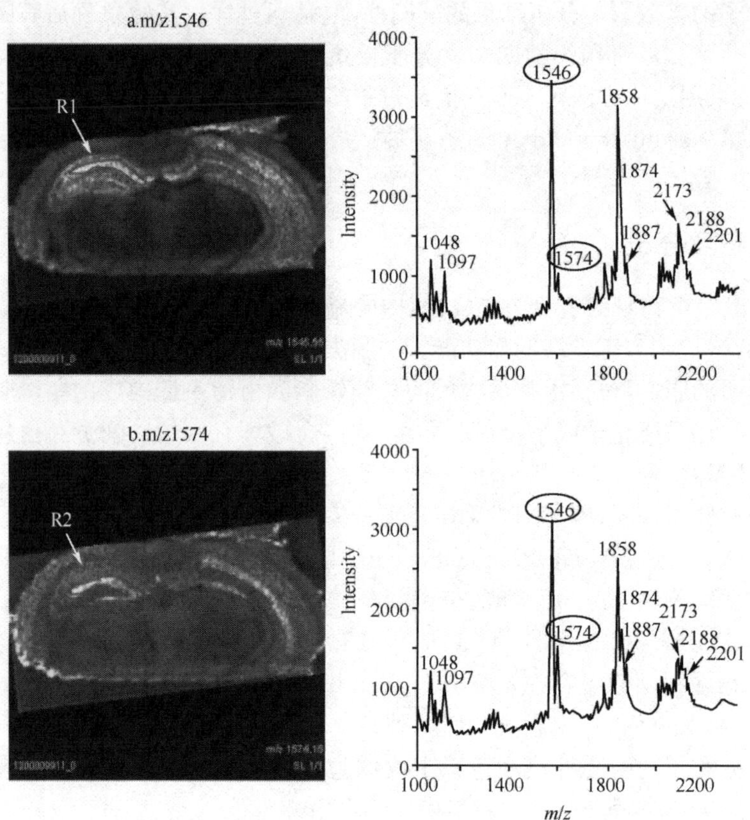

图 6-3　小鼠脑部组织的不同结构的 GM1 分子质谱图像

a. GM1 (C18:1/C18:0)m/z 1546；b. GM1 (C18:1/C20:0)，m/z 1574；R1 和 R2 区域的质谱图如右图所示

（三）药物分子及其代谢产物

质谱在药物代谢动力学研究起着重要的作用，HPLC-MS 和 HPLC-MS/MS 已广泛用于药物分子及其代谢产物的定量和定性分析，但是这些手段并不能直接得到药物分子或其代谢产物在生物组织中分布情况信息。在药物开发过程中，一个重要的问题是在于药物分子能否正确地作用于靶点部位。放射自显影法作为常规的手段用于药物分子及其代谢物分子在组织中定位研究，但是带有放射性元素标记的药物比较难得到，限制了放射自显影法的应用。质谱成像技术不需要额外标记所需测定的分子就能提供化合物的空间分布信息，其在药物代谢动力学的研究成为当前的热点之一。

Hsieh 等人应用 MALDI 质谱分子成像技术研究氯扎平(clozapine)在大鼠脑组织中的分布和含量水平。结果表明，用^{3}H 标记的氯扎平的放射自显影技术发现该药分布于大鼠的全脑中，尤其在外侧脑室，而质谱分子成像技术也发现了同样的结果，表明质谱分子成像能够很好的将药物及其代谢物进行明确的区分。

Reyzer 等采用质谱分子成像技术对小鼠肿瘤和大鼠脑部组织中两种抗癌候选药物 SCH 226374 和化合物 A(compound A)的分布进行研究。实验发现两种药物在脑部的组织中均有分布和肿瘤组织中均能观测到分布，但是 SCH226374 在脑部组织中含量偏低主要分布肿瘤的外围边缘区域，而化合物 A 在脑部组织中含量较高，且集中于脑部的皮质区域，显示该化合物分子与脑部皮质区域的亲和力强于纹状体。

Khatib-Shahidi 等应用 MALDI-IMS 研究大鼠全身组织中奥氮平(olanzapine)的分布。该技术能够明确区分奥氮平(m/z 313～m/z 256)及其两个一级代谢物 N-去甲基-奥氮平(N-Desmethyl-olanzapine，m/z 299～m/z 256)和 2-羟甲基-奥氮平(2-hydroxymethyl-olanzapine，m/z 329～m/z 272)。在给予大鼠口服奥氮平(8mg/kg)，奥氮平在大鼠全身组织中均可观察到分布，但是富集于脑和脊髓组织中，然而，6 小时后在脑和脊髓中的水平则显著降低，其信号可至少降低 66%。而从实验开始到结束，N-去甲基-奥氮平和 2-羟甲基-奥氮平则没有在脑和脊髓中出现，却在肝脏和膀胱中以高水平出现。该结果进一步证实了奥氮平在大鼠中的代谢途径。

二、SIMS 在生物组织中成像应用

尽管 SIMS 的离子化方式使其应用局限于生物组织样品中类脂类及其相关小分子的成像研究，但是由于其相比 MALDI 质谱成像高的图像分辨率，SIMS 质谱成像的研究主要用于组织样品中单细胞水平上的成像分析，特别是细胞膜上的类脂类分子的成像。

细胞是生物体的基本单元，单细胞实验对人们进一步了解生命过程的各种生理现象有着重要的作用，目前已有多种地分析仪器及技术方法用于与单细胞的分析研究中。由于 SIMS 在成像上具有高的空间分辨率，Ostrowski 等人对单细胞的细胞膜的胆固醇分子进行了质谱成像研究，可以观测到在不同的药物刺激或培养条件下，单个细胞的细胞膜上的胆固醇含量会发生明显的变化，其变化幅度可以达到两倍以上。

Richter 等人采用团簇铋离子(Bi^{3+})对老鼠的小脑和肠部组织中的不同长度的脂肪酸进行了质谱成像分析。实验结果表明，硬酯酸 (C18：0) 主要分布于小脑组织中蒲肯野细胞 (Purkinje cell) 内部，但在细胞核中没分布，但其在肠部组织中则广泛分布，没有定位性；棕榈酸 (C16：0)则聚集于肠下细胞中，与之相反，亚油酸 (C18：2) 与油酸(C18：1)在肠下细胞含量低，而在肠绒毛细胞中含量高。这一结果有助于人们了解脂肪酸在分化细胞中的生理功能。

同样采用团簇铋离子束，Tahallah 等人对来自正常人和肌营养不良症儿童的横纹肌组织中类脂类分子的分布进行研究。其质谱成像结果表明，维他命 E 和磷脂酰肌醇富集于细胞内，但是未修饰的磷脂酰胆碱分子和胆固醇分子则主要在营养不良的肌细胞中发现，并且不同长度的脂肪链修饰与肌细胞的损害程度相关，可作为生物标志物用于肌营养不良症的诊断研究。Touboul 等人采用团簇金金子束为离子源分析来自小鼠肌营养不良症的组织样品，也得到了相似的结果。

第三节　质谱成像前景与展望

如上所述，质谱成像已成功引用在在生物组织切片中各种不同类型分子成像研究。由

于 MALDI 质谱成像技术相对 SIMS 的巨大优势，特别是适合蛋白质与多肽分子的检测，MALDI 质谱成像技术成为当前生物组织质谱成像技术的研究热点。

作为 20 世纪 90 年代末才出现的一种分子成像新技术，MALDI 质谱成像技术发展远未达到成熟应用的阶段，还不能完全满足人们对组织样品的分析要求。质谱成像技术在样品制备、仪器条件和数据处理等诸多技术环节都有待进一步的提高。

在提高质谱图像分辨率上面，一方面基质分子需要与待分析生物分子形成良好的共结晶，才能得到高灵敏度的质谱信号。这样基质与待测分子形成的晶体的尺寸必须小于质谱成像的分辨率才能得到可靠的分析结果。此外，由于基质结晶过程受环境因素影响太大，而降低方法的重现性和可靠性。因此发展新的基质体系是提高 MALDI 质谱图像的分辨率和可靠性的重要选择之一。另一方面由于 MALDI 所采集的信号是由激光轰击基质后激发样品分子后产生的，而目前常用的激光光源导致样品点的分辨率在 10～100μm 左右，远不能与一般光学成像的分辨率相比，限制了质谱成像技术的应用。

MALDI 质谱成像技术从广义上看可以看到组织样品内所选定的分子量范围的各种化合物分子，但是由于不同类型的分析物存在不同的质谱响应信号，例如带有碱性氨基酸残基的多肽相比其他的多肽分子有更强的质谱检测信号，在质谱检测过程中就会抑制(ion suppress)其他分子的质谱信号，而导致一些其他生物分子的分布信息丢失。因此对组织切片进行适当的样品前处理是十分必要的，例如针对具有某些特定结构的分子进行化学衍生，采用适当的酶对样品进行处理等等。而组织切片的样品要求必须在样品进行原位处理，不能发生组织样品分子的迁移，这也是目前样品前处理方法挑战之一。

尽管如此，随着质谱成像技术的成熟，特别是质谱仪器的改进与其相关技术的完善，人们可以得到更高分辨率和灵敏的生物分子的质谱图像。由于拥有与其他分子技术成像相比诸多技术优势，质谱成像技术必将在蛋白组学、临床医学和药物代谢动力学等多个领域发挥越来越重要的作用(图 6-4)。

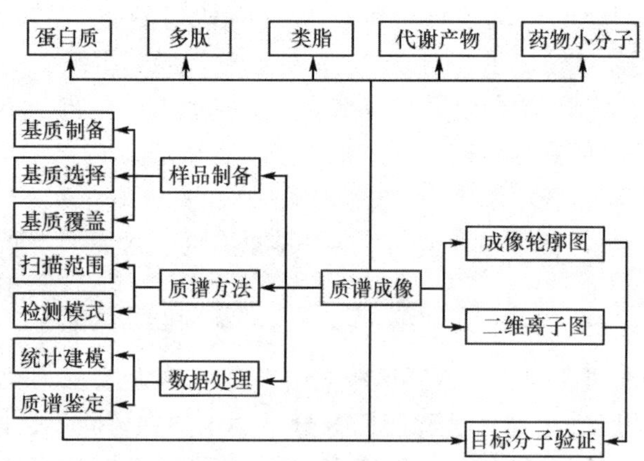

图 6-4　质谱成像的方法过程及在多个领域的应用

一、样品处理

基质的选择是 MALDI 实验成功的关键，在实验中选择何种基质来进行样品分析依赖于所分析的样品(如样品的种类、质量大小及性质等)，另外，使用的溶剂也会影响基质的表现行为。由于成像实验之前不经过任何分离过程，因此选择合适的基质体系对于直接组织分析获得高质量高灵敏的图谱显得尤为关键,需要满足的基本条件有:基质能与组织表面分子能形成良好的共结晶,所使用的基质能提供针对大部分分子普遍的高效离子化能力或针对目标分子选择性的高效离子化能力。

尽管目前以蛋白质等大分子为分析对象时用介子酸(sinapinic acid,SA)作为基质,而在分析多肽类小分子的时候常用(α-氰基-4-羟基肉桂酸, CHCA)都取得了比较好的结果,但是,SA 在分析大分子蛋白质时难以提供高灵敏度,CHCA 在分析 m/z<1000 的小分子时常容易受到基质簇合峰的干扰等仍然是目前需要解决的问题。

针对这一问题,根据所需要得到的目标分子信息如蛋白质、多肽、类脂、代谢产物、药物小分子等寻找合适的基质显得尤为必要。一方面通过预实验选择合适的基质,另一方面可以对现有基质进行优化和衍生,此外还可以探寻和制备新型基质等都有助于解决这一问题。

基质覆盖方式直接影响成像分辨率,发展能够均匀喷涂基质的方法也非常重要。气动喷雾法和化学打印法有利于得到细致均匀的结晶,在此基础上可以借鉴薄层色谱制板的方式如涂布法、倾注法、浸润法、喷涂法等将基质以合适的方式覆盖在组织表面,得到细小均匀结晶的同时不引起组织表面的分子移位。

二、质 谱 方 法

质谱分析方法是组织成像技术的核心,对组织表面进行直接的质谱分析不同于常规质谱分析,会遇到更多的挑战。质谱扫描范围的优化有利于减少离子抑制效应,检测模式的优化可以使分析物在一个样品的进样过程中,可以同时获得正离子模式和负离子模式的信息,对于未知物的结构鉴定,同时采用正离子模式和负离子模式进行检测可以获得更可靠的质谱分析结果。

三、数 据 处 理

一次的质谱成像过程会获得海量数据,需要经过统计学的计算及处理才能找到组织的特征峰或者差异峰以鉴定目标分子。在得到数据后,采用现用的数学模型如差异统计进行差异分析以及针对实际问题建立合适的差异分析和预测的数学模型进行潜在生物标志分子的寻找。另外,对于找到的潜在标志分子还需要根据多级质谱结合数据搜索的结果对其结构进行进一步分析,使之加以鉴定。

四、目标分子的验证

目前的质谱成像实验得到的结果大多还停留在组织表面潜在特异性分子的发现和鉴定以及空间定位,对于得到的结果的验证需要进一步的解决。由于在质谱成像实验之前并未经过任何分离过程,得到的特异性分子也仅有 m/z 信息和相对丰度信息,验证工作具有相当的难度。

参 考 文 献

Astigarraga E, Barreda-Gómez G, Lombardero L, et al. 2008. Fernández JA Profiling and imaging of lipids on brain and liver tissue by matrix-assisted laser desorption/ ionization mass spectrometry using 2-mercaptobenzothiazole as a matrix. Anal Chem, 80: 9105-9114

Burnum KE, Cornett DS, Puolitaival SM, et al. 2009. Spatial and temporal alterations of phospholipids determined by mass spectrometry during mouse embryo implantation. J Lipid Res, 50: 2290~2298

Chan K, Lanthier P, Liu X, et al. 2009. MALDI mass spectrometry imaging of gangliosides in mouse brain using ionic liquid matrix. Anal Chim Acta, 639: 57-61

Chaurand P, Schwartz SA, Capriolo RM. 2004. Profiling and imaging proteins in tissue sections by MS. Anal Chem, 76: 87A-93A

Cornett DS, Reyzer ML, Chaurand P, et al. 2007. MALDI imaging mass spectrometry: molecular snapshots of biochemical systems. Nat Methods, 4: 828-833

Fletcher JS, Rabbani S, Henderson A, et al. 2008. A new dynamic in mass spectral imaging of single biological cells. Anal Chem, 80: 9058-9064

Goodwin RJ, Pennington SR, Pitt AR. 2008. Protein and peptides in pictures: imaging with MALDI mass spectrometry. Proteomics, 8: 3785-3800

Groseclose MR, Andersson M, Hardesty WM, et al. 2007. Identification of proteins directly from tissue: in situ tryptic digestions coupled with imaging mass spectrometry. J Mass Spectrom, 42: 254-262

Hayasaka T, Goto-Inoue N, Sugiura Y, et al. 2008. Matrix-assisted laser desorption/ionization quadrupole ion trap time-of-flight (MALDI-QIT-TOF)-based imaging mass spectrometry reveals a layered distribution of phospholipid molecular species in the mouse retina. Rapid Commun Mass Spectrom, 22: 3415-3426

Heeren RM, Smith DF, Stauber J, et al. 2009. Imaging mass spectrometry: hype or hope? J Am Soc Mass Spectrom, 20: 1006-1014

Hsieh Y, Casale R, Fukuda E, et al. 2006. Matrix-assisted laser desorption/ionization imaging mass spectrometry for direct measurement of clozapine in rat brain tissue. Rapid Commun Mass Spectrom, 20: 965-972

Hsieh Y, Chen J, Korfmacher WA. 2007. Mapping pharmaceuticals in tissues using MALDI imaging mass spectrometry. J Pharmacol Toxicol Methods, 55: 193-200

Khatib-Shahidi S, Andersson M, Herman JL, et al. 2006. Direct molecular analysis of whole-body animal tissue sections by imaging MALDI mass spectrometry. Anal Chem, 78: 6448-6456

McDonnell LA, Heeren RM. 2007. Imaging mass spectrometry. Mass Spectrom Rev, 26: 606-643

MS. Caprioli RM, Farmer TB, Gile J. 1997. Molecular imaging of biological samples: localization of peptides and proteins using MALDI-TOF. Anal Chem, 69: 4751-4760

Murphy RC, Hankin JA, Barkley RM. 2009. Imaging of lipid species by MALDI mass spectrometry. J Lipid Res, 50: S317-322

Ostrowski SG, Kurczy ME, Roddy TP, 2007. Secondary ion MS imaging to relatively quantify cholesterol in the membranes of individual cells from differentially treated populations. Anal Chem, 79: 3554-3560

Reyzer ML, Caprioli RM. 2007. MALDI-MS-based imaging of small molecules and proteins in tissues. Curr Opin Chem Biol, 11: 29-35

Reyzer ML, Hsieh Y, Ng K, et al. 2003. Direct analysis of drug candidates in tissue by matrix-assisted laser desorption/ionization mass spectrometry. J Mass Spectrom, 38: 1081-1092

Richter K, Nygren H, Malmberg P, et al. 2007. Localization of fatty acids with selective chain length by imaging time-of-flight secondary ion mass spectrometry. Microsc Res Tech, 70: 640-647

Rohner TC, Staab D, Stoeckli M. 2005. MALDI mass spectrometric imaging of biological tissue sections. Mech Ageing Dev, 126: 177-185

Seeley EH, Caprioli RM. 2008. Molecular imaging of proteins in tissues by mass spectrometry. Proc Natl Acad Sci U S A, 105: 18126-18131

Seeley EH, Oppenheimer SR, Mi D, et al. 2008. Enhancement of protein sensitivity for MALDI imaging mass spectrometry after chemical treatment of tissue sections. J Am Soc Mass Spectrom, 19: 1069-1077

Stoeckli M, Chaurand P, Hallahan DE, et al. 2001. Imaging mass spectrometry: a new technology for the analysis of protein expression in mammalian tissues. Nat Med, 7: 493-496

Tahallah N, Brunelle A, De La Porte S, et al. 2008. Lipid mapping in human dystrophic muscle by cluster-time-of-flight secondary ion mass spectrometry imaging. J Lipid Res, 49: 438-454

Todd PJ, Schaaff TG, Chaurand P, et al. 2001. Organic ion imaging of biological tissue with secondary ion mass spectrometry and matrix-assisted laser desorption/ionization. J Mass Spectrom, 36: 355-369

Touboul D, Brunelle A, Halgand F, et al. 2005. Lipid imaging by gold cluster time-of-flight secondary ion mass spectrometry: application to Duchenne uscular dystrophy. J Lipid Res, 46: 1388-1395

Yanagisawa K, Shyr Y, Xu BJ, et al. 2003. Proteomic patterns of tumour subsets in non-small-cell lung cancer. Lancet, 362: 433-439

刘念,刘锋,许彬等. 2008. 生物组织质谱成像方法的建立及其在微波辐射后大鼠海马组织的蛋白组分析中的应用. 分析化学,36:421-425

刘念,魏开华,张学敏等. 2007. 临床质谱学的最新进展:质谱成像方法及其应用,科学仪器与装置,10:76-8

许彬,魏开华,张学敏等. 2006. 生物组织的基质辅助激光解吸电离质谱成像新进展,军事医学科学院院刊,30:288-291

张莹,陈岗,陆豪杰等. 2007. MALDI 质谱成像技术在非小细胞肺癌中的应用研究,质谱学报,28:209-213

后　　记

生物科学研究崇尚“seeing is believing”(“眼见为实”)。生物影像信息往往是最重要的、最直接的研究证据,有时甚至是唯一的证据。还有个说法是“every excellent biologist should be an excellent microscopist”(每一名优秀的生物学家都是一名出色的显微学家),也说明了生物影像技术对于生命科学研究的重要性。生物成像不仅仅是方法、技术和手段,还是一门科学;是数学、理化科学、计算机科学、工程制造与生命科学等多学科交叉的重要前沿。影像科学的进步首先需要物理、化学原理上的创新与突破,然后需要借助先进的工程技术、制造技术和计算科学(图像重建、数据计算处理等)将原理上的创新转化成先进的影像仪器和方法;这些仪器和方法帮助人们理解复杂的生命过程,成为推动生命科学发展的引擎。同时,人们对生命体系认识的日新月异的发展又会推动影像原理、仪器、方法、技术和应用的进步。过去的几十年中,影像科学和生命科学相互促进、共同发展。

当前,我国生物成像方法、技术和仪器产业发展迎来了重要的战略机遇期,国内生物医疗仪器产业近年来也得到了快速发展,但与国外的差距仍然较大,面临诸多挑战,特别是在高端生物成像仪器设备方面,科技创新及其产业化进展缓慢、缺乏关键核心技术,产品稳定性和可靠性长期未得到根本性解决、关键大型设备如CT、核磁共振成像等基本上依赖进口,学科交叉和相关人才培养亟待加强,大量进口对产业发展造成较大不利影响等。

针对我国当前该领域的发展现状和条件,在发展思路方面应该抓住发展机遇,以需求为牵引、以创新为动力、以企业为主体、以整合为手段,集聚技术、人才、资金、信息等创新要素,优化创新和应用环境,统筹项目、人才、基地、平台和示范的布局,产业发展战略与创新科技发展战略紧密衔接,加强多学科交叉和大力推进学研产用的结合,积极探索市场机制下的优化组织模式和举国体制创新模式,着力解决制约产业发展的瓶颈和关键技术问题,高效推进生物成像领域的关键技术、核心部件和重大产品创新和产业发展,大幅提高影像科学仪器领域的核心竞争力,有效支撑生命科学基础研究、医学影像设备产业发展和服务于医疗卫生服务体系建设,改变我国生物医学影像设备高端产品以进口为主,产品开发以仿制为主的不利格局,实现我国生物医学影像设备产业发展的快速跨越。

在发展策略方面,应坚持以下原则:

政府推进和市场机制相结合。以企业为主体,政府主要通过引导性的科技投入,优化应用环境,完善政策环境,促进产业发展。对于基础研究、核心及共性技术和重大产品的创新,政府予以重点投入。

系统布局和重点突破相结合。加强顶层设计和统筹布局,系统完善生物医学影像科技创新链、产品链、产业链和人才链,整体优化创新体系;同时突出重点,着力突破一批严重依赖进口、阻碍产业发展的共性核心技术和关键零部件,重点支撑与重点突破一批技术难度高、市场价值高、配置需求大的高端主流产品和创新性强的标志性产品。

需求牵引和创新驱动相结合。立足需求牵引,重点发展当前生命科学基础研究和临床医疗领域急需、严重依赖进口的大型中高端生物医学设备。同时,兼顾长远,立足自主创新,把握前沿技术发展趋势,加强技术储备,抢占技术制高点,大力发展与未来生物医学研究与临床诊疗模式相适应的新型生物成像设备。着力突破一批重大技术瓶颈，创制一批重大产品，优化产业结构，转变经济发展方式，改变以仿为主的局面，让创新真正成为产业发展的重要驱力；另一方面积极加强创新产品的示范应用，优化应用环境和完善政策环境，改变国产生物医学影像设备的形象，积极扩大内需市场，助推医疗器械产业快速发展。

立足国内与面向国际相结合。统筹国内国际两种资源和两个市场，一方面，立足自主创新，不闭门造车，加强国际合作，在全球范围内配置研发资源，加快重大产品突破；另一方面，把握我国自身的优势，在满足国内需求的同时，加快把中国制造、中国创新的产品推向全球，实现出口产品的总量增长和结构优化，促进生物医学影像技术产品的国际化发展。

在具体的发展途径方面，可采取如下措施：组建国家生物医学影像研究与产业化协调机构；设立生物医学影像重大专项，统一协调研究；加快生物成像创新体系建设，加强创新基地建设，集中优势力量，建设国家级的生物成像重大基础设施；制订国家生物医学影像中长期技术发展战略；实施创新人才战略，建立一流生物医学影像人才队伍；政府创造条件，全面推动产学研用结合，深化相关体制机制改革，调动科研人员进行成果产业转化的积极性；理清创新思路，引导企业研发利用全球资源，采用多样化产品生产模式；制订产业政策，创造国际一流产业发展环境；加大国家基础技术研发投入，引导企业加大产品研发投入；扶植中小企业，避免大型企业流入外资手中，建立核心产业群。

开展生物医学成像设备研发的意义不仅在于发展新的影像学仪器、设备与方法，还在于能促进多学科交叉，形成仪器技术/理化科学与生命科学研究的无缝对接，促进我国在科学仪器技术、生命科学基础研究和临床医疗等方面水平的大幅度提升，催生具有原始创新性、满足国家需求的重大研究成果，还能带动、促进国家医疗卫生事业与医疗器械产业的发展。